ARTDESIGN 艺术设计

U0370360

高等院校艺术学门类『十三五』规划教材

书籍装帧创意与设计（第二版）

SHUJI ZHUANGZHEN CHUANGYI YU SHEJI

主　编　张　莉

副主编　郑翠仙　李佳龙　杨梦姗

参　编　周　莉　彭娅菲　刘　佳　黄　菁　周　全　黄诗琪

華中科技大學出版社
http://www.hustp.com
中国·武汉

内容简介

本书是高校艺术设计专业的教材，从书籍装帧创意的基本内涵入手，运用了大量优秀的作品和教学图例，系统介绍了书籍装帧创意的基本原则、版式设计及书籍的形态与材料等知识，实用性与理论性兼备。由欣赏到设计再到应用，满足了学生多方面的学习与交流，本书尊重设计规律与创新实践，内容简明扼要，便于相关专业的教学。

图书在版编目(CIP)数据

书籍装帧创意与设计/张莉主编. —2版. —武汉：华中科技大学出版社，2019.5(2023.2重印)
高等院校艺术学门类"十三五"规划教材
ISBN 978-7-5680-4056-3

Ⅰ.①书… Ⅱ.①张… Ⅲ.①书籍装帧-设计-高等学校-教材 Ⅳ.①TS881

中国版本图书馆CIP数据核字(2019)第012577号

书籍装帧创意与设计(第二版) 张 莉 主编
Shuji Zhuangzhen Chuangyi yu Sheji(Di-er Ban)

策划编辑：袁 冲
责任编辑：史永霞
封面设计：孢 子
责任监印：朱 玢
出版发行：华中科技大学出版社(中国·武汉) 电话：(027)81321913
武汉市东湖新技术开发区华工科技园 邮编：430223
录 排：华中科技大学惠友文印中心
印 刷：武汉科源印刷设计有限公司
开 本：880 mm×1230 mm 1/16
印 张：8
字 数：265千字
版 次：2023年2月第2版第3次印刷
定 价：49.00元

前言（第二版）

《书籍装帧设计》第一版自出版后，销售情况良好。不少同行提出了修改意见，我们在出版社的指导下，进行教材修订改版。在保留第一版全部优点和特色的基础上，做了一些优化、改进和创新。在编写体例上，延续了教材第一版案例讲解式的体例，通过“删”“并”“增”“减”来对具体内容进行整合，这些优化、改进和创新包括：删除了第一版中陈旧的、过时的内容，如将第三章的图片全部替换成当下较新颖的图片素材，并增加了插画创作的内容和概念书的内容，更有时代性；将第一版第五章的内容替换成“书籍的创意编排”，详细阐述了如何使书籍版面协调、舒适、美观、便于阅读；将第六章内容替换成“书籍实践案例赏析”，通过展示优秀案例，从文化性、趣味性和个性化三个方面传递了装帧的创作思路和设计方法，有助于培养学生主动创作、积极思维的能力；其他章节还适当减少了理论性阐述内容。

鉴于此，第二版书名确定为《书籍装帧创意与设计》，其特色体现在：①内容丰富，灵活性强；②实用性和专业性相结合，内容的选材在保持原汁原味的同时，使学习者接触书籍设计大师的获奖作品的和主流思想，虽然有一定的制作难度，但非常实用和专业；③包含大量教师课堂教学的案例和教师点评，能给专业课堂教学提供参考依据。

教材在编写过程中得到了编者所在院校和兄弟院校有关领导和教师的大力支持，华中科技大学出版社的编辑为本书的出版也付出了辛勤的劳动，在此一并致以诚挚的感谢。

编者

2018 年 12 月于武汉

目录

第一章

书籍装帧设计的理论基础

第一节　书籍装帧设计的概念

第二节　书籍装帧设计的艺术特征

第三节　书籍装帧设计的基本原则

第四节　书籍的类型与设计要求

教学目的

使学生理解书籍装帧设计的定义,了解书籍装帧设计的目的与意义,明确课程的学习方向与目标,初步掌握书籍装帧设计的相关知识。

教学重点

掌握书籍装帧设计的艺术特征与基本原则。

教学难点

引导学生正确认识书籍装帧设计的概念与艺术特征,初步掌握书籍装帧设计的基本原则。

思考练习

调查所在城市大型的书店或图书馆,从书籍的类型、读者对象、设计风格及装帧形式等方面来了解我国书籍装帧设计艺术的面貌及特点,并针对自己感兴趣的书籍装帧设计写 2 000 字左右的调查分析报告。

第一节　书籍装帧设计的概念

书籍是人类思想交流、知识传播、文化积累的重要载体,它是承载人类历史发展长河中智慧的结晶,它对人类的进步起着至关重要的作用。书籍装帧设计是依附于书籍的产生而产生的,并随着时代的发展而不断进步。在信息高速发展的今天,书籍装帧设计以不可替代的功能性及独特的艺术魅力,越来越受到人们的关注和重视。

装帧中的“装”字源于中国早期的书籍形式,如简策装、卷轴装、册页装等,这些“装”字有装潢之意,即美化的意思;“帧”在字典里是量词。装帧即把许多书页装订成册。

书籍装帧设计即书籍设计(book design),在当下不仅仅是为书籍作简单的外表包装,而且是以书籍形态为载体,进行从书心到外观全方位的整体视觉形象设计。

书籍装帧设计是一门多学科交叉的艺术学科,是一项立体的、多层次的、动态的系统工程,是将一部文字的或图片的书稿,经过书籍装帧设计者的艺术构思,运用文字、图形、色彩、编排等艺术手法和艺术造型,再通过一系列的工艺生产制作过程,制作成具有审美情趣的书籍的综合艺术。

第二节　书籍装帧设计的艺术特征

书籍装帧设计是一个独立的艺术门类,它具有不同于其他艺术样式的个性特征,具体表现在以下几个方面。

一、特殊的艺术媒介

每个艺术门类都是通过不同的载体表达各自的艺术情感,以呈现各自不同的形态的。如音乐、舞蹈、戏剧、电影、绘画,又如视觉设计中的广告设计、环境艺术设计、服装设计等,它们都是由于艺术媒介的独特性,而成为独立的艺术门类。书籍设计正是以一种特殊的艺术媒介即供人阅读的书籍为载体的艺术。

二、独特的表现手段和艺术语言

书籍设计艺术载体的特殊性,使得它在表现手段与艺术语言上都有别于其他艺术门类。如纸张材料、制版工艺、印刷工艺、装订工艺等都是书籍设计的特有艺术语言。而对书籍开本及结构的设计，对内文版式的设计、对书籍护封的设计等，都是其他艺术门类的艺术手段中所没有的。

三、多元的审美方式

不同的艺术门类有着不同的审美方式。例如：音乐与美术，一个是听觉的审美，一个是视觉的审美；绘画与雕塑，一个是平面的审美，一个是立体的、多侧面的审美。书籍装帧设计艺术的审美是动态的、立体的，且具有时间的延续性与间歇性特征，它需要将读者的视觉、触觉、听觉甚至是嗅觉和味觉都紧密联系起来，是一种多元的、独特的审美方式（见图 1-1）。

图 1-1 书籍的审美方式

四、从属性与独立性

首先，书籍装帧设计不能脱离书而存在，它是有对象、有目的的设计活动，书籍装帧设计要能体现书籍的内容并服务于读者。所以，其艺术性要依从于书籍的功能。设计者需要在内容的“限制”下进行艺术的创造与表现。其次，书籍独立的艺术价值也是不容忽视的。设计者根据自己对书稿内容独特的理解，用新颖的表现手法来展示书稿的性质、内容和精神气质，具有创作的独立性。而书籍本身具有自己独特的艺术语言，能将设计者自身审美价值转化为可供人们欣赏的独立审美对象，从而产生独立的审美价值。

第三节　书籍装帧设计的基本原则

一、形式与内容的高度统一

书籍装帧设计首先要能概括、集中、本质地反映一本书的中心思想和主要内容，设计中的一切图案、文字、色彩等都为这本书的内容服务，即做到“表里如一”，将内容和形式统一起来。如果形式不顾及内容，把一些很美的因素强行结合起来，这时的美就成了堆砌，就成了不能传达内容的无价值的形式，美也从形式中消失了。因此，书籍装帧设计要求设计者熟悉书稿的内容，掌握书稿的精神，了解作者的风格和读者对象的特点等，通过提炼书籍的精神内容，用美的形式使书籍的生命升华。除此之外，它还要求反映出书的实用性、类别性和文化性（见图 1-2 和图 1-3）。

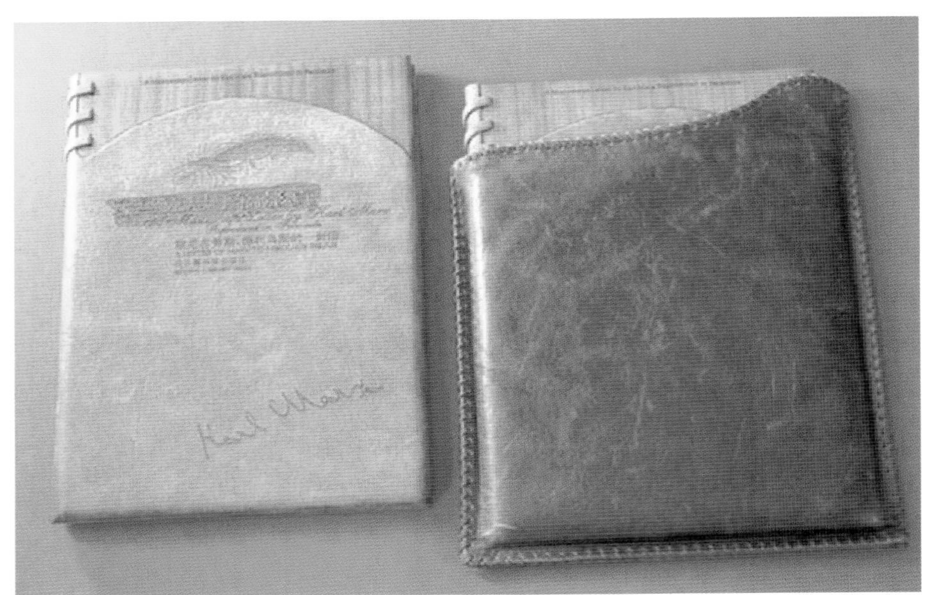

图 1-2　具有时代感的外封套用亮皮穿绳构造，既体现朴实高雅之美，又具有保护之功能

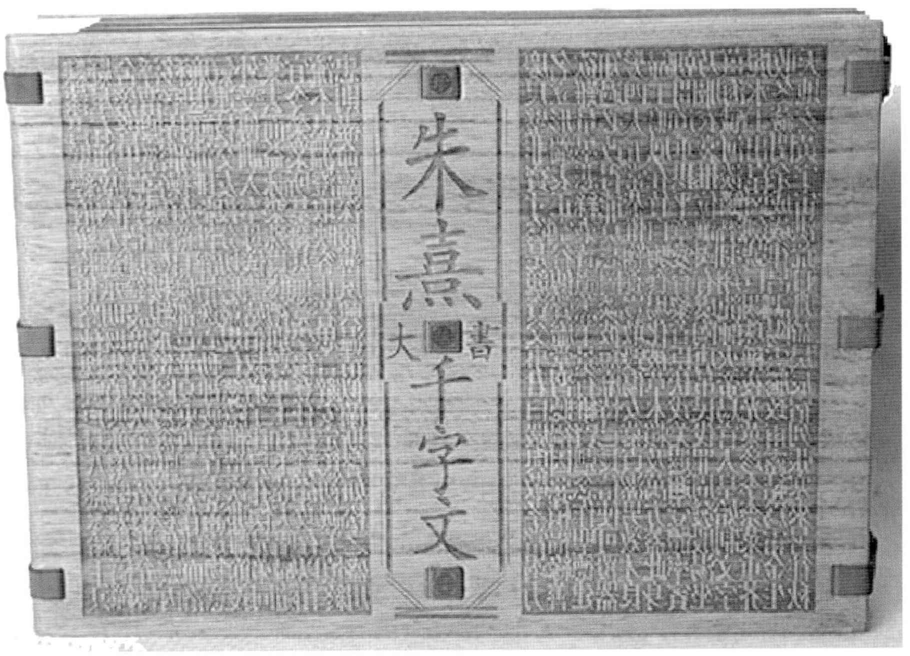

图 1-3　书函以传统夹版装为书籍寻得一种古朴的形态，整体形式与内容相得益彰

二、整体与局部的对比与协调

书籍装帧设计是一项综合性的系统工程，设计时不能单独考虑封面的效果，而是要联系书的性质、内容、对象等，对书的每个部分进行总体思考、统筹安排。在艺术上要使书籍成为一个和谐的整体，每个部分之间要统

一协调，如果是丛书的装帧设计，还要考虑它的统一性和系列性(见图 1-4 和图 1-5)。

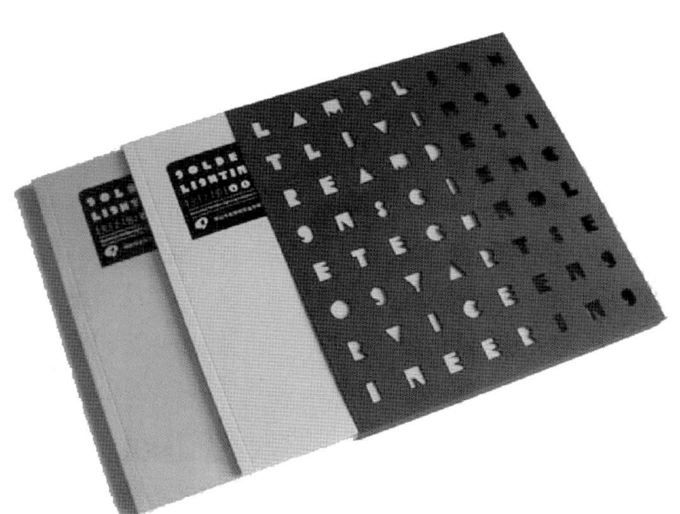

图 1-4 设计类书籍整体风格简洁统一

图 1-5 民间文化类套书设计整体大气统一又富于细节变化

三、实用性与艺术性完美结合

一方面，书籍装帧设计不是纯艺术，属于实用美术范畴。它与技术条件紧密相连，书籍装帧设计必须符合可行、实用、经济、美观的原则。设计要适应当前的物质技术条件和读者的经济承受能力，材料要适应市场供应，印刷工艺要与工厂的设备和技术条件相适应。另一方面，书籍装帧设计的艺术性又可以使功能体现得更完美，促使书籍的使用价值体现得更鲜明，让书籍更有利于阅读，可以唤起读者强烈的阅读兴趣。所以，优秀的书籍装帧设计作品必然在超然的艺术表现力中融合了功能的意义。实用性与艺术性完美结合，共同创造了书籍装帧设计艺术的价值。

四、文化性与广告性并存

德国国家图书馆馆长霍尔史脱·孔茨曾经说过："在市场上可以作为人们思想、愿望和幻想的传递者，可以表现手工的、技术的和美术的创造。"书籍是一种文化商品，这种商品本身既要具有文化性，又要具有广告性。文化性就如我们所说的书卷气，强调装帧的含蓄性和文化气息。而在竞争激烈的市场经济环境下，加强书籍设计的广告效应不仅是市场的要求，也是文化宣传的要求。所以，优秀的书籍装帧设计作品不仅要求能体现文化特征，还应以强烈的视觉诱导语言去征服读者，便于读者更容易找到自己需要的书，从而唤起读者潜在的购买欲(见图 1-6 和图 1-7)。

五、时代性与民族性相融

时代性是指书籍设计的创意要符合当代人们的审美观，能充分反映出时代精神和时代气息。民族性则是要求装帧能够体现民族文化的精髓和灵魂。我国书籍装帧设计艺术有着悠久的历史和浓郁的民族特色，现代的书籍装帧设计要充分体现中华民族的文化底蕴，具有自身文化品格，同时又能兼容外来文化的精髓。我们提倡在继承民族优秀文化的基础上去创新，要采取首创性的最新颖的形式去表现本民族的特色、气质，使之在表现浓郁民族特色的同时去创时代之新。

《子夜》是文学巨匠矛盾先生的作品，该作品反映新旧两个时代交替时人物的命运。其书籍装帧设计借鉴了传统文人的书匣设计，整体的构思注入了传统与现代的兼容意识，营造出了时代的气氛和分寸感，如图 1-8

图 1-6　数字图形化直接彰显书籍主题

图 1-7　利用名人效应起到很好的广告效果

所示。

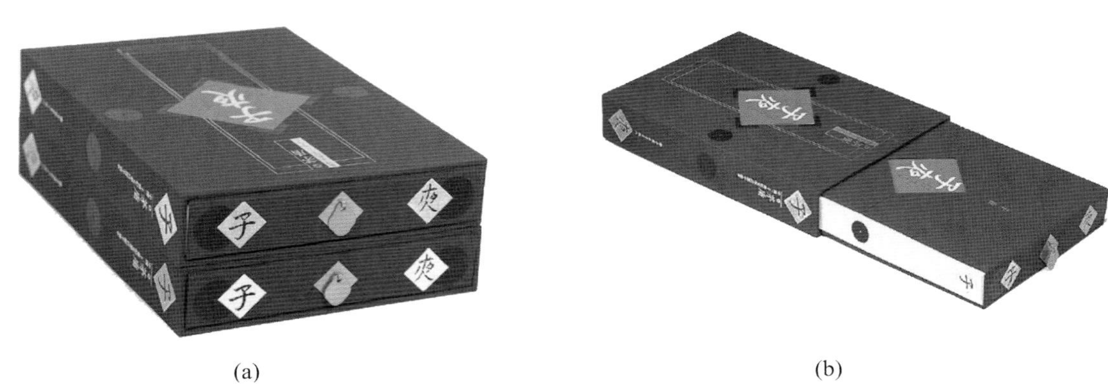

(a)　(b)

图 1-8　《子夜》的书籍装帧设计

图 1-9 所示采取新颖的书籍装帧设计形式来表现民族的风格、气质，书籍装帧设计既彰显了浓郁的民族风格，又体现了对形态方面的思考与创新。

(a)　(b)

图 1-9　具有民族风格的书籍装帧设计示例

第四节　书籍的类型与设计要求

一、科技类

科技类书籍是反映自然科学的书籍，包括的范围很广泛，涵盖的内容也很丰富，除了人们熟知的数、理、化之外，还包括天文、地理、动物、植物等综合性学科和边缘学科。

科技类书籍的装帧设计除了需要在造型要素上与文艺书籍有明显的差异外，还需要设计者具有很广的科技知识面。一件成功的科技类书籍装帧作品，无论设计者追求什么样的设计风格，采取什么样的表现手法，都离不开从书籍内涵之中提取元素进行创意、设计制作。

以下是科技类书籍装帧的设计特点与设计要求。

(1) 阅读科技类书籍的人群一般具有相应的专业知识，所以这类书籍的设计风格不可太大众化和通俗化。

(2) 可采用先进的科技形象或符号吸引读者，体现书籍的高科技和前沿性(见图 1-10)。

(3) 运用抽象几何形态形成一种符号式的形式美感(见图 1-11)。

(4) 采用能引起人们产生想象的图像元素来表达书籍的主题内涵。

(a)

(b)

图 1-10　运用科技形象或符号的书籍装帧设计示例

二、文学艺术类

文学艺术类书籍可分为两大类：一类为文学艺术类书籍，这类书籍的体裁(包括小说、诗歌、散文等)和内容(包括音乐、舞蹈、戏剧、设计、电影、戏曲等)十分广泛；另一类是人物传记和史记类书籍(包括小说、人物传记、散文、诗歌、随笔等)。

文学和艺术的共性就是富于想象力和抒情性，这类作品都可以借写景写物来抒发自己的情感，可以极力用夸张的手法强化表现主题。文学艺术类书籍设计一定要在较高层次上再现书中的深刻寓意，借助艺术联想扩大意境，使读者通过书籍装帧设计联想到更多内容，这样的书籍装帧设计会加深读者对书籍内容的理解，同时也给人以美的享受。

(a)

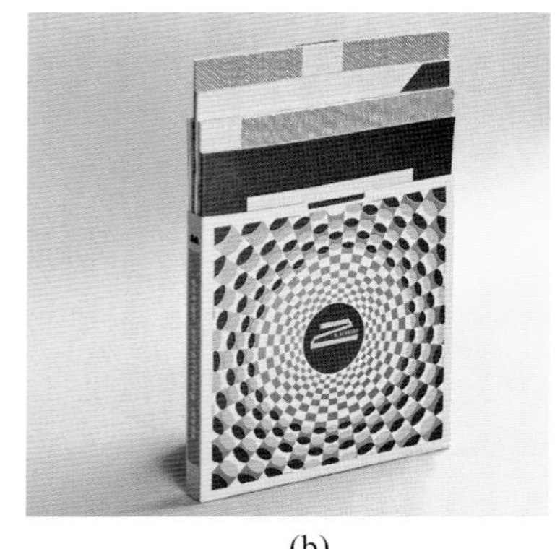

(b)

图 1-11　运用抽象几何形态的书籍装帧设计示例

图 1-12 所示的书籍装帧设计直接把四合院图形设计在封面上以点明主题,并在书内做了立体的四合院设计,丰富和强化了书籍主题。

以下是文学艺术类书籍装帧常用的设计表现方法。

(1) 直接采用书中最有表现力的人物和风景的设计手法,直观地体现书籍的基本内容。

图 1-12　文学艺术类书籍装帧设计示例

(2) 借物抒情的间接表现,利用富有寓意的图形来体现书籍主题。

(3) 对于人物传记类图书,将作者的肖像融入封面设计中,因为作者的知名度和影响力就是此类图书设计的重点(见图 1-13)。

(4) 应针对书籍的文笔风格、读者群体的具体情况来确定书籍装帧设计的风格。

三、工具书类

工具书是指专供查找知识信息的文献。它系统地汇集了某方面的资料,按特定方法加以编排,专供需要时查阅。常见的工具书有字典、词典、百科全书、年鉴、手册等。工具书类书籍的装帧设计以字体为主,设计相对简约和固定,如图 1-14 所示。

以下是工具书类书籍装帧设计的表现方法。

(1) 直接用印刷文字或变形文字作为主要视觉元素来设计。

(2) 采用比较醒目的色块搭配来设计。

(3) 版式比较简约固定,以体现工具书的条理性和易检索性。

(4) 选用合适的机理和特殊材料来设计。

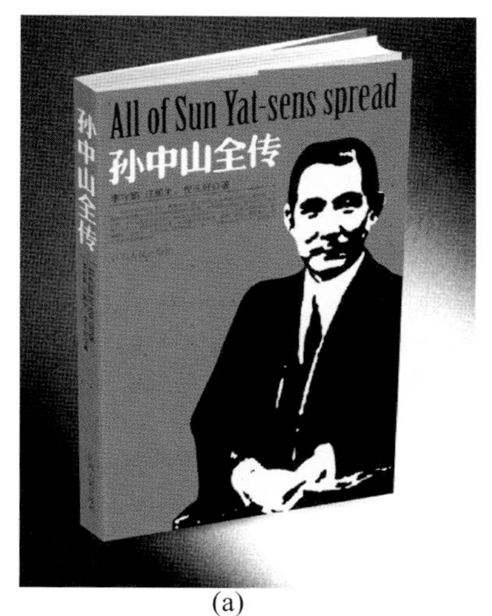

(a)

(b)

图 1-13　人物传记类书籍的装帧设计示例

(a)

(b)

图 1-14　工具书类书籍装帧设计示例

四、少儿读物类

少儿读物类书籍的装帧设计是服务于少年儿童的，所以少儿读物类书籍的装帧设计首先要考虑少儿对事物的理解及视觉心理的接纳程度。少儿心中充满了对世界的好奇与想象，所以少儿读物类书籍的设计应丰富多彩。例如国外少儿读物类书籍以有趣的造型和插图为主，带领孩子们进入一个趣味性的世界，如图 1-15 所示。

以下是少儿读物类书籍装帧设计的表现方法。

(1) 开本丰富而独特。根据书籍的内容可设计新颖而特别的书籍外形和开本。

(2) 采用一些精美、生动有趣的造型图片来吸引小读者，使之产生亲切感。

(3) 书名文字多采用创意字体并与插图相协调。

(4) 色彩设计鲜艳明快、对比强。

(5) 构思、构图、造型巧妙活泼，符合少年儿童好奇多变的心理特征。

五、期刊类

期刊的内容是由多位作者的不同类型的文章组成的，定期出版。它涵盖的内容十分广泛，天文地理、人文史学、美容饮食等方面都有涉及，信息量大，内容丰富。期刊的封面设计形式感极强，注重图形的设计感及版式构成，如图 1-16 所示。

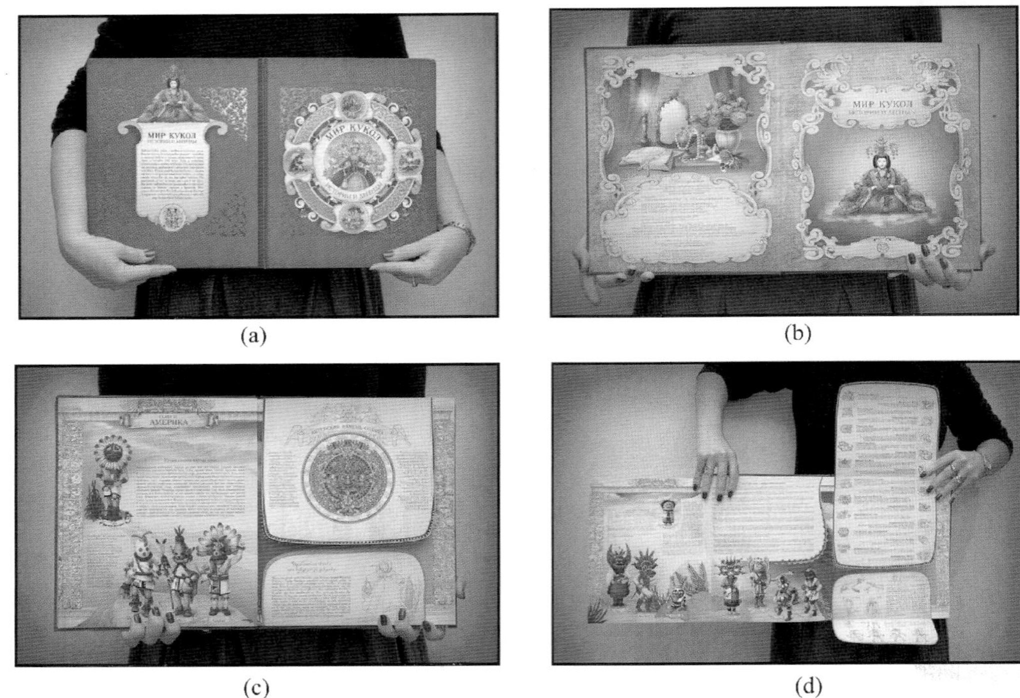

(a) (b) (c) (d)

图 1-15　少儿读物类书籍装帧设计示例

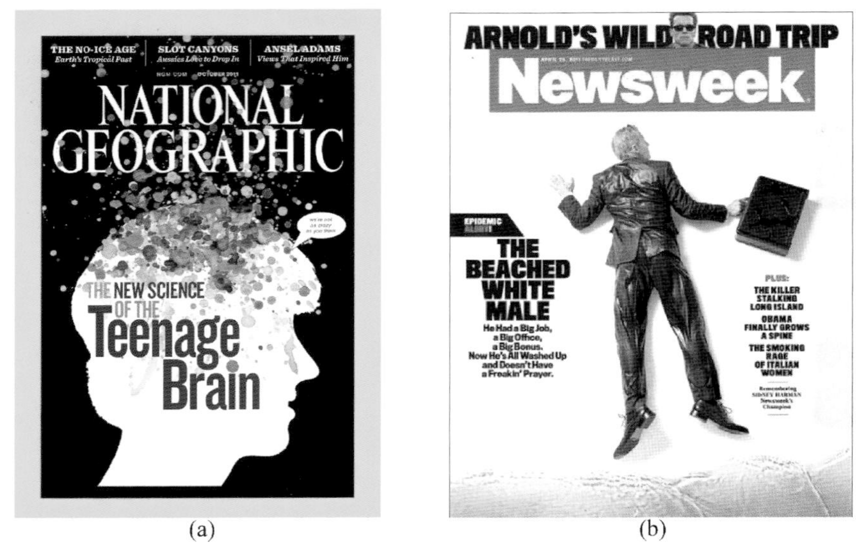

(a) (b)

图 1-16　期刊的装帧设计示例

以下是期刊装帧设计的表现方法。

(1) 直接表现，即把与期刊内容相关的图片运用到封面上，如旅游类杂志就用具有代表性的风景图片进行设计。

(2) 综合表现，即将丰富的期刊内容用各种不同形式的插图和抽象符号组合排版在一个版面上。

(3) 以符号和文字为主进行设计，主要用于个性较强的期刊，以突出鲜明的设计感和给读者无限的想象空间。

(4) 艺术处理和夸张表现，即将一些新颖而奇特的造型元素经过计算机软件的处理给人带来意想不到的视觉吸引力。

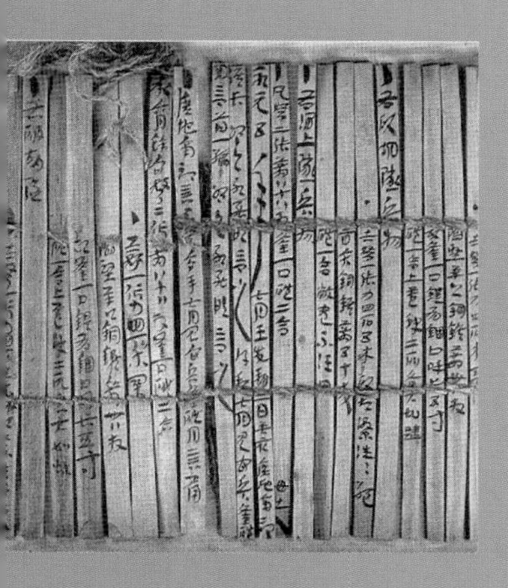

第二章

书籍装帧设计的发展沿革

第一节　中国书籍装帧设计发展概述

第二节　西方书籍装帧设计发展概述

教学目的

通过对我国书籍装帧设计起源与发展的学习,使学生掌握我国早期书籍装帧设计的形式与特点,增强学生对中国传统书籍装帧设计文化的了解,掌握我国书籍装帧设计发展的历程与特点,并对国外书籍装帧设计的发展也有一个系统性的了解。

教学重点

我国传统书籍的装帧形式及艺术特征。

教学难点

引导学生正确认识我国传统书籍装帧的形式与艺术特征,能汲取传统书籍装帧形式的精华,并将其运用到现代书籍装帧设计中来。

思考练习

调查当今优秀的书籍装帧设计作品,找出5~8种运用中国传统装帧形式或文化元素的书籍,分析其封面装帧设计运用的技巧,用A4纸张打印出这些封面的图片并配以100字左右的分析说明。

第一节 中国书籍装帧设计发展概述

一、书籍的起源

谈到书籍,就不能不谈文字,文字是书籍的第一要素。中国自商代就已经出现较成熟的文字——甲骨文。从甲骨文的规模和分类来看,那时已经出现了书籍。到周代,中国文化进入第一次勃兴时期,各种流派和学说层出不穷,形成百家争鸣的局面,作为文字载体的书籍,也大量出现。周代时,甲骨文已经向金文、石鼓文发展。后来随着社会经济和文化的逐步发展,又完成了大篆、小篆、隶书、草书、楷书、行书等字体的演变,书籍的材质和形式也逐渐完善。我国早期的书籍材质主要有以下几种。

1. 甲骨

通过考古发现,在河南“殷墟”出土了大量刻有文字的龟甲和兽骨,这就是迄今为止我国发现最早的作为文字载体的材质。其上所刻文字纵向成列,每列字数不一,皆随甲骨形状而定(见图2-1)。

2. 石版

由于甲骨文的字形尚未规范化,字的笔画繁简悬殊,刻字大小不一,所以横向难以成行,后来在陶器、岩石、青铜器和石碑上也有文字刻画(见图2-2)。《韩非子·喻老》中有“周有玉版”之说,又据考古发现,周代已经使用玉版这种高档的材质刻文字了。由于其材质名贵,因此用量并不是很大,多是上层社会的用品。

3. 竹简木牍

中国正规书籍的最早载体是竹和木。把竹子加工成统一规格的竹片,再放到火上烘烤,蒸发掉竹片中的水分,防止日久虫蛀和变形,然后在竹片上书写文字,这就是竹简。竹简再以革绳相连成“册”,称为“简册”或“简策”(见图2-3)。这种装订方法,成为早期书籍装帧比较完善的形态,已经具备了现代书籍装帧的基本形式。

牍,则是用于书写文字的木片。与竹简不同的是,木牍(见图2-4)以片为单位,一般着字不多,多用于书信。《尚书·多士》中说“惟殷先人,有典有册”,从其所用材质和使用形式上看,在纸出现和大量使用之前,牍是主要的书写工具。

书的称谓大概就是从西周的简牍开始的,今天有关书籍的名词术语,以及文字的书写格式和书的制作方

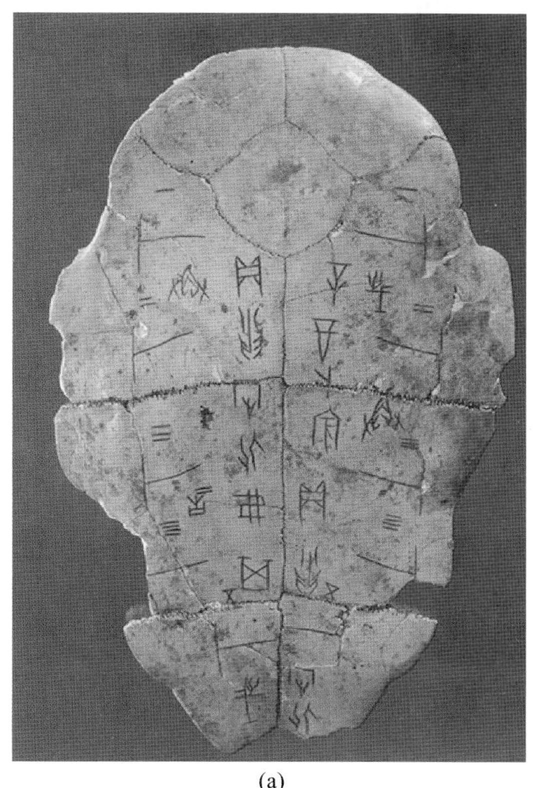

(a)

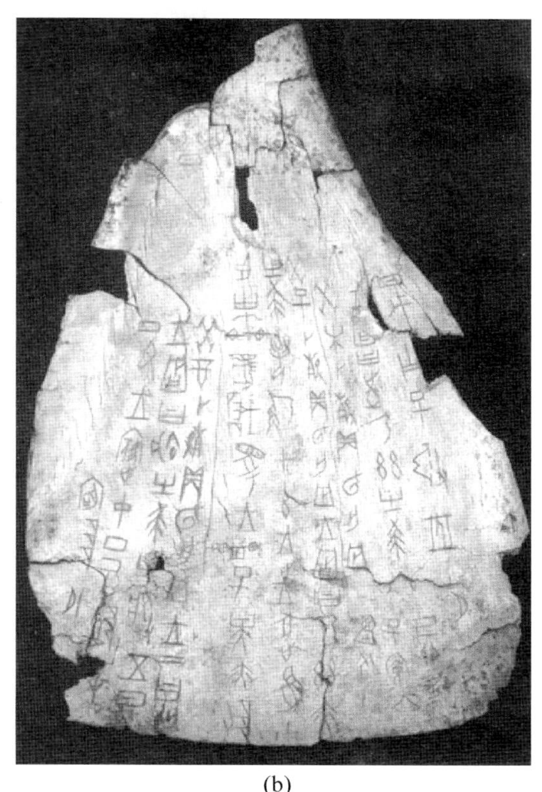

(b)

图 2-1　龟甲与兽骨上刻的文字

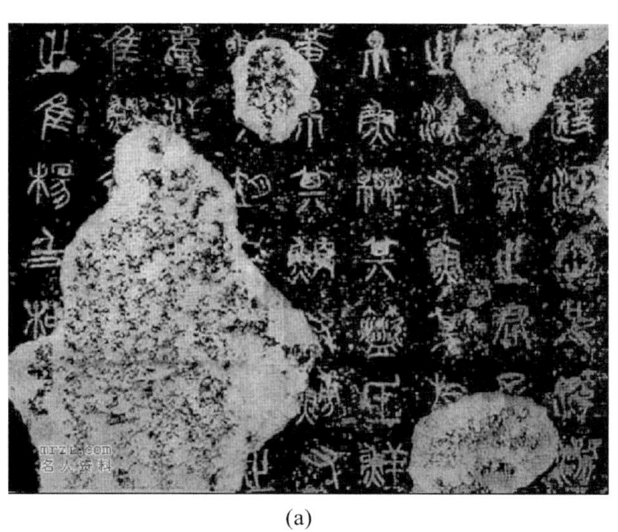

(a)

(b)

图 2-2　石版、岩石上刻的文字

式，也都承袭简牍时期形成的传统。由于年代久远，竹木材质难以保存很长，所以现在我们已经很难看到那些古籍，完整的简牍就是在博物馆也难得一见。

现在有的出版社模仿古代简册制作的像《孙子兵法》《史记》等传统经典著作，多作为礼品或用以收藏，不属于大众普及读物。即使如此，作为书籍装帧设计的一种形式，学习简册制作是很有必要的，它有助于我们学习借鉴优秀的传统文化和手法。

图 2-3　简册

图 2-4　木牍

4. 缣帛

缣帛，是丝织品的统称，与今天的书画用绢大致相同。在先秦文献中多次提到了用缣帛作为书写材料的记载，如《墨子》中提到“书与竹帛”，《字诂》中说“古只素帛，以书长短随时裁绢”，可见缣帛质轻，易折叠，书写方便。尺寸长短可根据文字的多少裁成一段，卷成一束，称为“一卷”。缣帛常作为书写材料，与简牍同期使用。

5. 纸张

根据文献记载和考古发现，我国西汉时就已经出现纸。《后汉书·蔡伦传》中载：“自古书契多编以竹简，其用缣帛者谓之纸，缣贵而简重，并不便于人。伦乃造意，用树肤、麻头及蔽布、渔网以为纸。元兴元年奏上之，帝善其能，自是莫不从用焉，故天下咸称‘蔡侯纸’。”

古人认为造纸术是东汉蔡伦所开创的，其实在他之前，中国已有造纸术，他只是改进并且提高了造纸工艺。到了魏晋时期，造纸技术、用材工艺等进一步发展，几乎接近近代的机制纸了。到了东晋末年，已经正式规定以纸取代简缣作为书写用品。早期的纸张如图 2-5 所示。

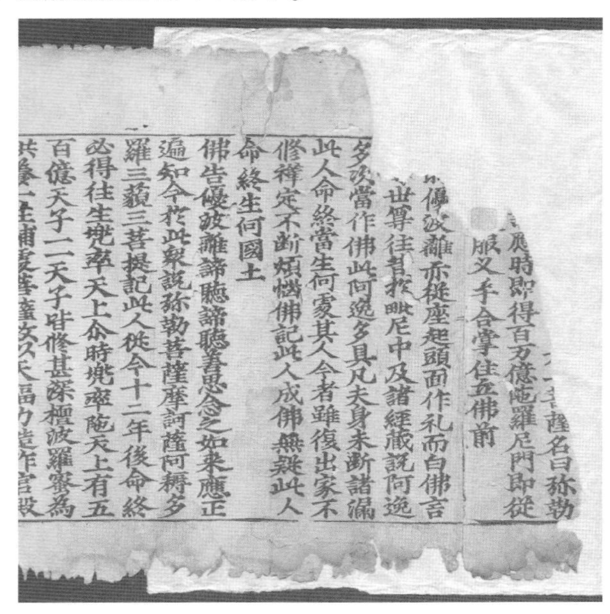
…薩名曰弥勒
應時即得百万億陁羅尼門即從
服叉手合掌住在佛前
優波離亦從座起頭面作礼而白佛言
世尊往昔於毗尼中及諸經藏説阿逸
多次當作佛此阿逸多具凡夫身未斷諸漏
此人命終當生何處其人今者雖復出家不
修禅定不斷煩惱佛記此人成佛無疑此人
命終生何國土
佛告優波離諦聽諦聽善思念之如來應正
遍知今於此衆説弥勒菩薩摩訶薩阿耨多
羅三藐三菩提記此人從今十二年後命終
必得往生兜率天上尒時兜率陁天上有五
百億天子一一天子皆修甚深檀波羅蜜為
供養一生補處菩薩故以天福力造作宮殿

图 2-5　早期的纸张

二、中国书籍装帧设计艺术的历史沿革

中国的四大发明有两项对书籍装帧的发展起到了至关重要的作用，那就是造纸术和印刷术。东汉纸的发明确定了书籍的材质，隋唐雕版印刷术的发明促成了书籍的成形，这种形式一直延续到现代。印刷术替代了繁重的手工抄写方式，缩短了书籍的成书周期，大大提高了书籍的品质，增加了书籍的数量，从而推动了人类文化的发展。在这种情况下，书籍的装帧形式也几经演进，先后出现过简策、卷轴装、经折装、旋风装、蝴蝶装、包背装、线装等形式。

1. 简策

中国的书籍形式是从简策（见图 2-6）开始的。简策始于商代（公元前 14 世纪），一直延续到东汉（公元 2 世纪），沿用时间很长。用竹做的书称为“简策”，用木做的书称为“版牍”。竹竿截断劈成细竹签，在竹签上写字，这根竹签叫做“简”，把许多简编连起来叫做“策”；把树木锯成段，削成薄板写上字就为“牍”。

竹、木容易遭到虫蛀，必须用火烘干。简策分量重，占地方，使用不便，但在生产力相对落后的古代对保存文明成果起到了不可磨灭的作用。

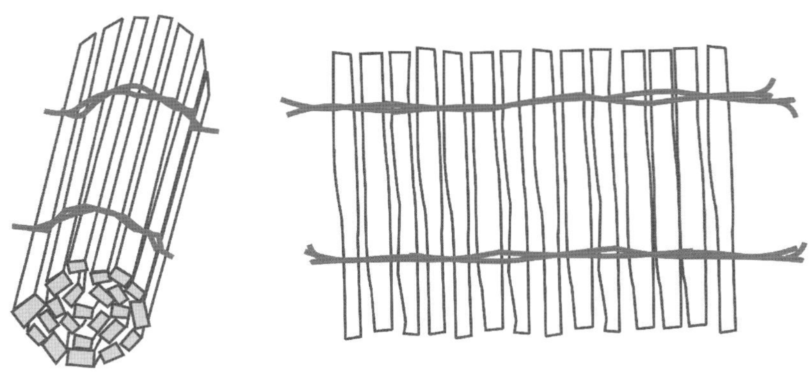

图 2-6 简策

2. 卷轴装

欧阳修《归田录》中说，“唐人藏书，皆作卷轴”，可见在唐代以前，纸本书的最初形式仍是沿袭帛书的卷轴装（见图 2-7）。轴通常是一根有漆的细木棒，也有的采用珍贵的材料，如象牙、紫檀、玉、珊瑚等。卷的左端卷入轴内，右端在卷外，前面装裱有一段纸或丝绸，叫做镖。镖头再系上丝带，用来缚扎。卷轴装的纸本书从东汉一直沿用到宋初。

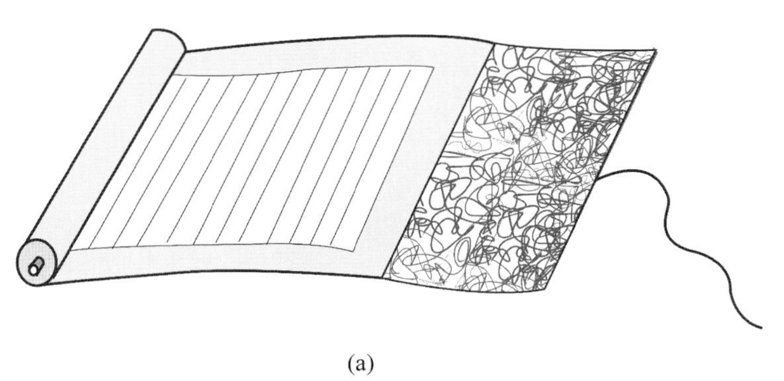

(a)

(b)

图 2-7 卷轴装

卷轴装书籍形式的应用,使文字与版式更加规范化,行、列有序。与简策相比,卷轴装舒展自如,可以根据文字的多少随时裁取,更加方便。一纸写完可以加纸续写,也可以把几张纸粘在一起,称为一卷,后来人们把一篇完整的文稿称为一卷。

古时卷轴装除了记载传统经典史记等内容以外,就是记载众多的宗教经文,中国多是以佛经为主,西方也有卷轴装的形式,多是以圣经为主。卷轴装书籍形式目前已不被采用,但在书画装裱中仍有应用。

3. 经折装

经折装(见图 2-8)是在卷轴装的形式上改造而来的。随着社会的发展和人们阅读书籍需求的增大,卷轴装的许多弊端逐步暴露出来,已经不能适应新的需求。例如,人们翻阅卷轴装书籍的中后部分时也要从头打开,看完后还要再卷起,十分麻烦。而经折装的出现则大大方便了阅读,也使书籍便于取放。

经折装的具体做法是:将一幅长卷沿着文字版面的间隔中间,一反一正地折叠起来,形成长方形的一叠,在首末两页上分别粘贴硬纸板或者木板。它的装帧形式与卷轴装的装帧形式有很大的区别,形状和今天的书籍非常相似。书画、碑帖等一直采用经折装。

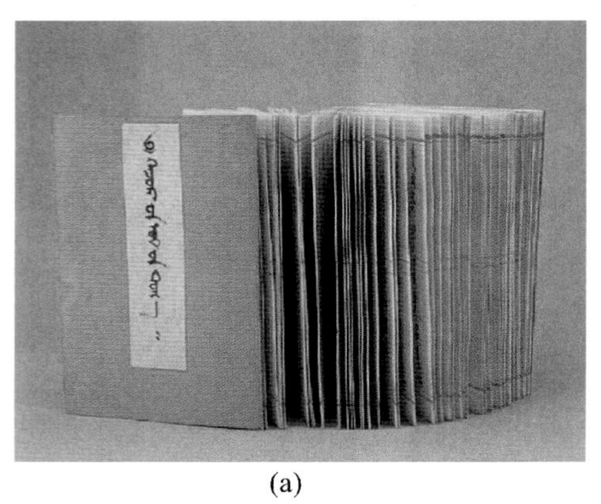

(a)

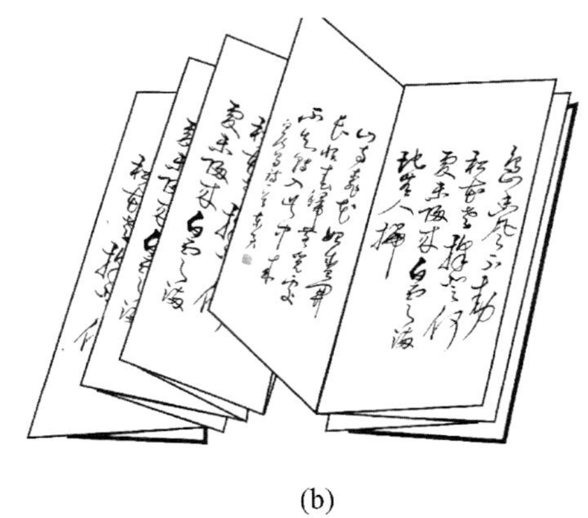

(b)

图 2-8　经折装

4. 旋风装

旋风装(见图 2-9)也是在经折装的基础上加以改造的。虽然经折装的出现改善了卷轴装的不利因素,但是因为长期翻阅经折装书籍会把折口断开,使书籍难以长久保存和使用,所以人们想出把写好的纸页按照先后顺序依次相错地粘贴在整张纸上的方法,类似房顶贴瓦片的样子,这样翻阅每一页都很方便。它的外部形式跟卷轴装区别不大,仍需要卷起来存放。

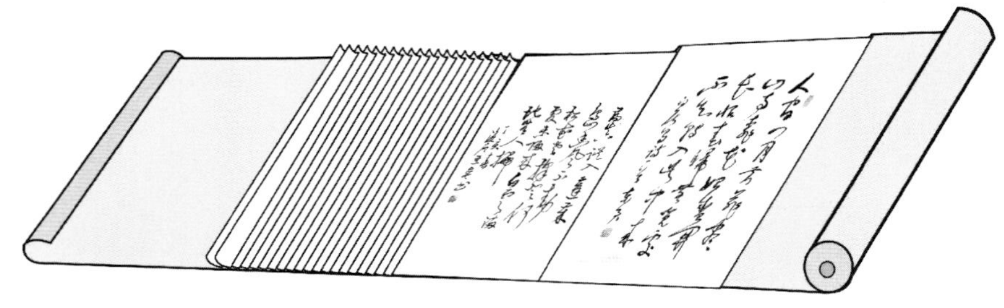

图 2-9　旋风装

5. 蝴蝶装

唐朝和五代时期,雕版印刷已经盛行,而且印刷的数量相当大,以往的书籍装帧形式已难以适应飞速发展的印刷业。经过反复研究,人们发明了蝴蝶装的形式。蝴蝶装(见图 2-10)就是将印有文字的纸面朝里对折,再以中缝为准,把所有页码对齐,用糨糊粘贴在另一包背纸上面,然后裁齐成书。

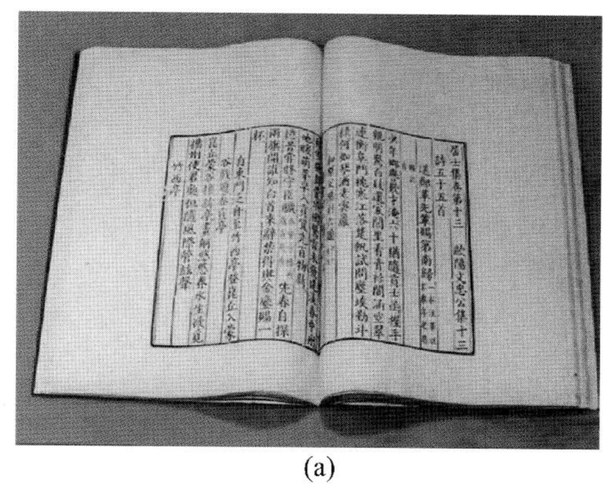

(a)

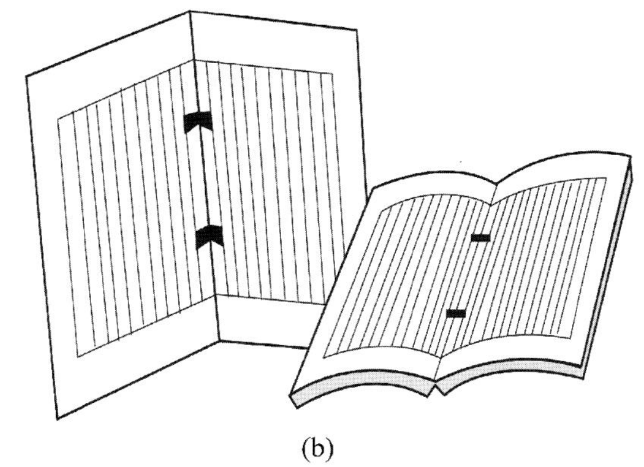

(b)

图 2-10 蝴蝶装

蝴蝶装的书籍翻阅起来就像蝴蝶飞舞的翅膀，故称“蝴蝶装”。蝴蝶装只用糨糊粘贴，不用线，却很牢固。可见古人在书籍装订的选材和方法上善于学习前人的经验，积极探索改进，从而积累了丰富的经验。今天，我们更应该以发展的眼光思考未来书籍装帧的发展，学习前人的经验，改善和创造现代的书籍装帧形式。

6. 包背装

社会是发展的，事物是进步的，书籍装帧势必需要跟随社会发展的脚步不断改革创新。虽然蝴蝶装有很多方便之处，但也很不完善，因为文字面朝内，每翻阅两页的同时必须翻动两页空白页。张铿夫在《中国书装源流》中说：“盖以蝴蝶装饰虽美，而缀页如线，若翻动太多终有脱落之虞。包背装则贯穿成册，牢固多矣。”因此，到了元代，包背装取代了蝴蝶装。

与蝴蝶装不同，包背装（见图 2-11）主要是对折页的文字面朝外，背向相对，两页版心的折口在书口处，所有折好的书页叠在一起，戳齐折口，版心内侧余幅处用纸捻穿起来，用一张稍大于书页的纸贴书背，从封面包到书脊和封底，然后裁齐余边，这样一册书就装订好了。包背装的书籍除了文字页是单面印刷，且又每两页书口处是相连的以外，其他特征均与今天的书籍相似。

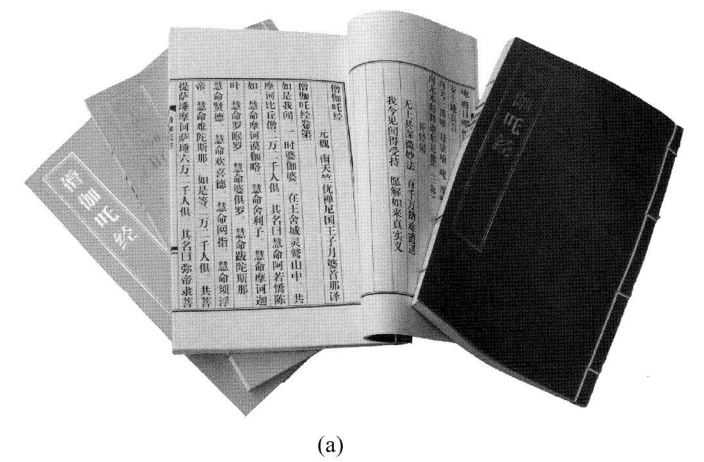

(a)

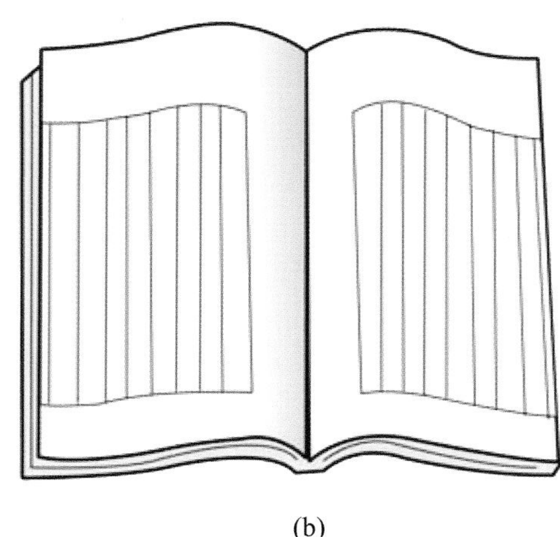

(b)

图 2-11 包背装

7. 线装

线装（见图 2-12）与包背装相比，书籍内页的装帧方法一样，区别之处在护封，表现为两张纸分别贴在封面和封底上，书脊和锁线有四、六、八针订法。有的珍善本需特别保护，就在书脊两角处包上绫锦，称为“包角”。线装是中国印本书籍的基本形式，也是古代书籍装帧技术发展最富代表性的阶段。线装书籍起源于唐末宋初，盛行于明清时期，流传至今的古籍较多。

(a)

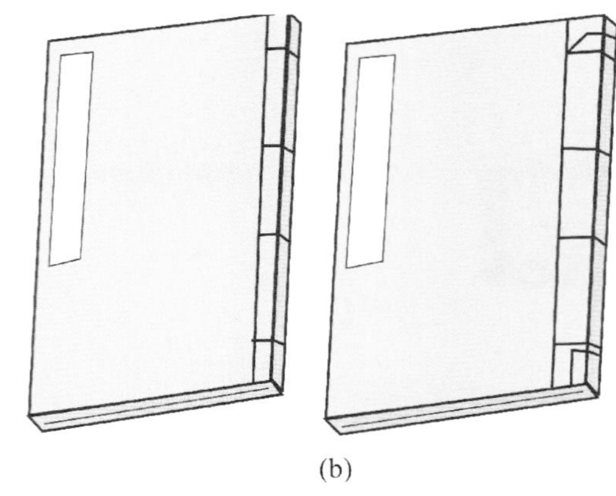

(b)

图 2-12　线装

中国书籍装帧已有两千多年的历史，在长期的演进过程中逐步形成了古朴、简洁、典雅、实用的东方特有形式(见图 2-13)，在世界书籍装帧设计史上占有重要的地位。

在当今这个现代化潮流涌动的时代，每个出版人及书籍装帧设计者都面临着现代与传统的融合及冲突的问题，闭门造车不可取，但丢弃泱泱五千年中华文明亦不可取。所以，研究书籍装帧设计历史的演变，总结前人的经验，在此基础上摄入现代气息，是探寻书籍装帧设计发展的正确之路。

(a)

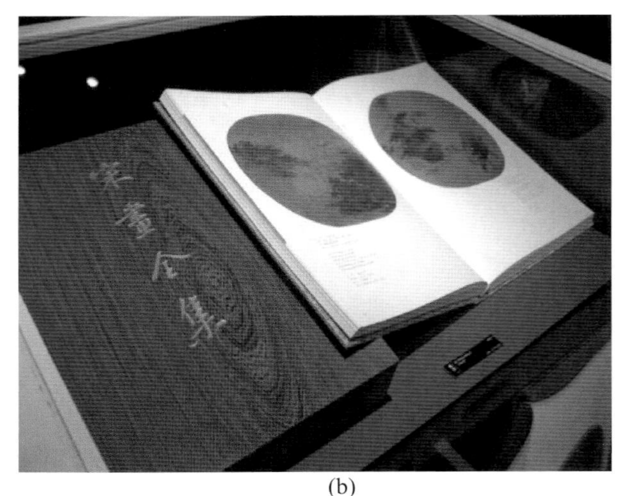

(b)

图 2-13　典雅古朴的东方书籍

三、中国书籍装帧设计的近现代发展

1. 近现代书籍装帧设计的艺术形式对人们生活和精神的影响

书籍装帧是一门艺术。实践证明，一件好的装帧作品能给人以美感，或典雅端庄，或艳丽飘逸，或豪华精美，都能给人带来美好的享受。随着历史的前进、科学技术的发展，书籍作为人们的精神生活需要，其审美价值日趋突出和重要。

2. 我国近现代书籍装帧的发展

1) 印刷新技术的进入和书籍设计的新发展

近代以来，随着西方印刷术的传入，我国由机器印刷代替了雕版印刷，产生了以工业技术为基础的装订工艺，出现了平装本和精装本，由此产生了装订方法在结构层次上的变化。护封(腰封)、封面、封底、扉页、版权页、环衬、目录页等，成为新的书籍设计的重要元素(见图 2-14 和图 2-15)。

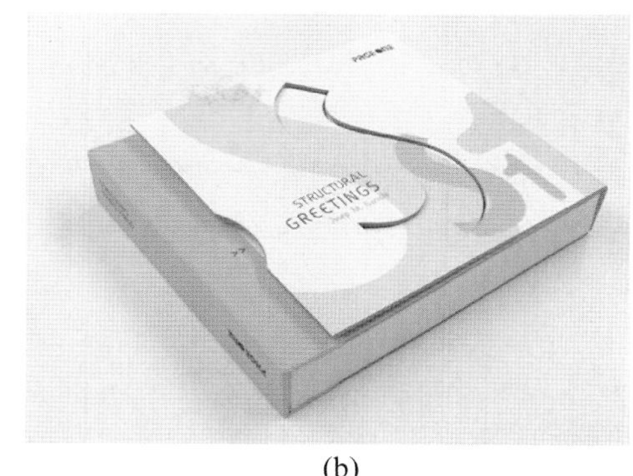

(a)　　(b)

图 2-14　具有设计感的书籍封套和封面

(a)　　(b)

图 2-15　具有设计感的正文版式

2)"五四"时期的书籍装帧艺术

"五四"前后,书籍装帧艺术与新文化运动同步进入一个历史的新纪元。当时的出版物打破了一切陈规陋习,从技术到艺术形式都用来为新文化的内容服务,具有现代的革命意义。凡是世界文化中先进的东西,我们的装帧设计者都想试一试,而且随着先进文化的传播,新兴的书籍装帧艺术也受到了整个社会的广泛推崇。

从"五四"运动到"七七"事变的这段时间,可以说是我国现代书籍装帧艺术史上百花齐放、人才辈出的时期。这就不能不提到鲁迅先生所起的先锋作用。他不仅亲身实践,设计了数十种书刊封面(见图 2-16),而且还引导一大批青年画家大胆创作,并在理论方面有所建树。

(a)　　(b)

图 2-16　鲁迅先生设计的书籍封面

鲁迅先生对封面设计,从一开始就不排斥吸收外来文化,更不反对继承民族传统。他非常尊重画家的个人创造和个人风格。在封面设计中,鲁迅不赞成图解式的创作方法,他请陶元庆设计《坟》的封面时说:“我的意见是只要和《坟》的意义绝无关系的装饰就好”。另外他在一封信中又说:“璇卿兄如作书法,不妨毫不切题,自行挥洒也。”他强调书籍装帧是独立的一门绘画艺术,承认书籍装帧的装饰作用,书籍装帧不必勉强配合书籍的内容。此外,他反对将内页排得过满过挤,不留一点空间,反对长期以来,为了节约纸张,不把书籍作为艺术品看待的做法。

处在新文学革命的开放时代,当时的设计者博收众长、百无禁忌,什么好东西都想拿来一用。丰子恺先生以漫画制作封面堪称首创,而且坚持到底,影响深远,如图 2-17 所示。陈之佛先生从给《东方杂志》《小说月报》《文学》设计封面起,到为天马书店做装帧设计,坚持采用近代几何图案和古典工艺图案,形成了独特的艺术风格,如图 2-18 所示。

(a)

(b)

图 2-17　丰子恺先生设计的书籍封面

(a)

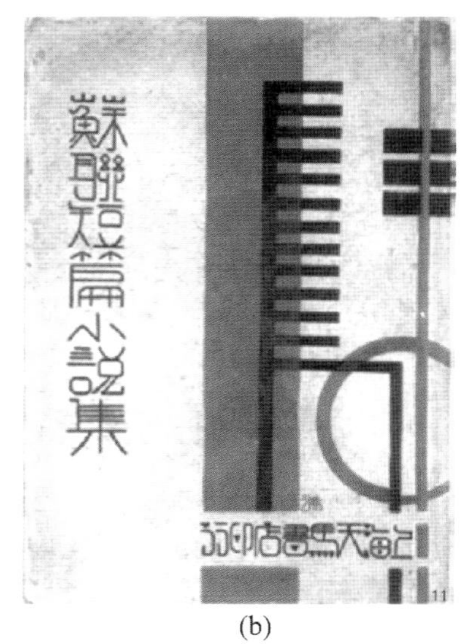

(b)

图 2-18　陈之佛先生设计的书籍封面

钱君匋先生认为,书籍装帧的现代化是不可避免的。他曾运用各种创作方法,但他始终没有忘记装帧设计中的民族特色。

除了画家们的努力以外，这一时期的作家们直接参与书刊的设计也是一大特色。这可能与“五四”时期形成的文人办出版社的传统密不可分。鲁迅、闻一多、叶灵凤、倪贻德、沈从文、胡风、巴金、艾青、卞之琳、萧红等都设计过封面。他们当中有人还学过美术，设计风格从总体上说都不脱书卷气，这与他们深厚的文化修养大有关系。

3）抗日战争时期的书籍装帧艺术

抗日战争爆发以后，随着战时形势的变化，全国形成国统区、解放区、沦陷区三大地域，条件各有不同，印刷条件却都比较困难，最艰难的当然是国民党和日伪严密封锁的解放区。解放区的出版物有的甚至一本书由几种杂色纸印成，成为出版史上的奇观。

国统区的大西南也只能以土纸印书，没有条件以铜版、锌版来印制封面，画家只好自绘、木刻，或由刻字工人刻成木版上机印刷。印出来的书衣倒有原拓套色木刻的效果，形成一种朴素的原始美。这一时期物资奇缺，上海、北京印书也只能用土纸，白报纸成为罕见的奢侈品。从抗日胜利到新中国成立是书籍装帧艺术的又一个收获期。以钱君匋、丁聪、曹辛之等人的成就最为显著。老画家张光宇、叶浅予、池宁、黄永玉等也有创作。丁聪的装饰画以人物见长，曹辛之则以隽逸典雅的抒情风格吸引了读者。

4）新中国成立后书籍装帧艺术的发展

1949 年以后，出版事业的飞跃发展和印刷技术、工艺的进步，为书籍装帧艺术的发展和提高开拓了广阔的前景。中国的书籍装帧艺术呈现出多种形式、多种风格并存的格局。“文革”期间，书籍装帧艺术遭到了劫难，“一片红”成了当时的主要形式(见图 2-19)。

(a)

(b)

(c)

(d)

图 2-19 “文革”时期的书籍装帧风格

20 世纪 70 年代后期,书籍装帧艺术得以复苏。进入 80 年代,改革开放政策极大地推动了书籍装帧艺术的发展。随着现代设计观念、科技的积极介入,中国书籍装帧艺术更加趋向个性鲜明、锐意求新的国际设计水准(见图 2-20 和图 2-21)。

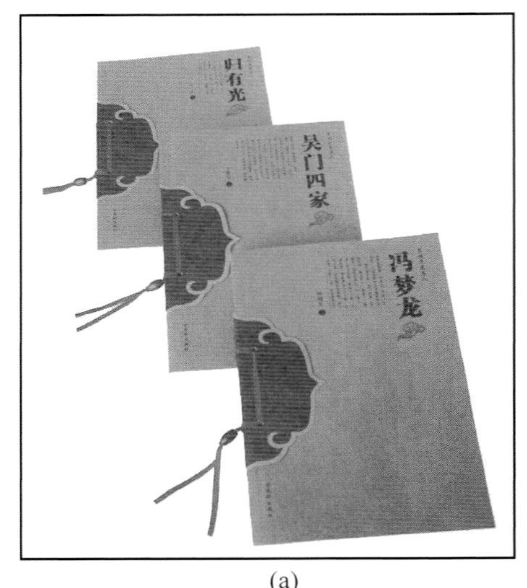

(a)

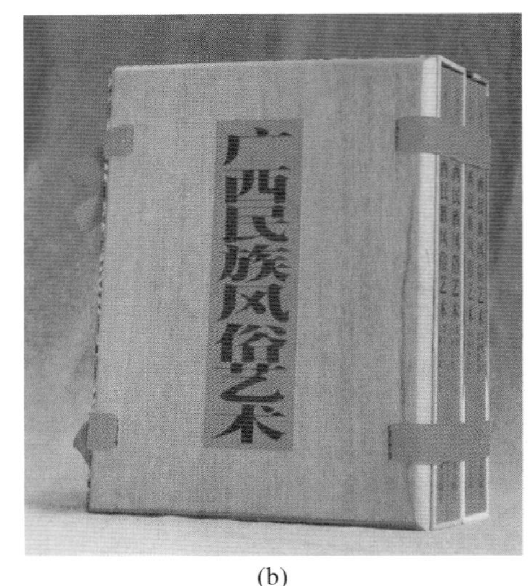

(b)

图 2-20 个性鲜明的书籍装帧风格

(a)

(b)

图 2-21 国际化风格的书籍装帧设计

5) 书籍装帧艺术的多元化发展

20 世纪 80 年代以来,书籍装帧设计界和其他设计界一样,受到新媒介、新技术的挑战,从而发生了急剧的变化,信息技术把世界日益变成一个马歇尔·麦克卢汉(Marshall Mcluhan)所称的"地球村"(global village)。这些技术的发展,一方面刺激了国际主义设计的垄断性发展,另一方面也促进了世界各国及各民族设计文化的综合和融合。现代书籍形态设计追求对传统装帧观念的突破,提倡现代书籍形态的创造必须解决两个观念性的前提。第一,书籍形态的塑造并非书籍装帧设计者的专利,它是出版者、编辑、设计者、印刷装订者共同完成的系统工程。第二,书籍形态是包含造型和神态的二重构造。前者是书的物性构造,它以美观、方便、实用的意义构成书籍直观的静止之美。后者是书的理性构造,它以丰富易懂的信息、科学合理的构成、新颖的创意、有条理的层次、起伏跌宕的旋律、充分互补的图文等构成书籍活性化的流动之美。造型和神态的完美结合,共同创造出形神兼备的、具有生命力的和保存价值的书籍,如图 2-22 所示。

图 2-22 形神兼备的书籍设计

吕敬人先生的书籍装帧设计就非常注重造型和神态。《黑与白》是一部反映澳洲人寻根的小说，在这本书的整体设计中，他力图将白人和土著人之间的矛盾用黑与白对比的方式渗透于全书，如图 2-23 所示。在《黑与白》的封面、封底、书脊、内文、版式、天头与地脚，甚至切口处都呈现着黑色与白色的冲撞与融合。跳跃的袋鼠、澳洲土著人的图腾纹样的排列变化，暗示着种族冲突。黑色与白色的三角形，漂浮波荡、若隐若现的书名标题字的处理，均给人在视觉上某种暗示、刺激和缓冲。整个设计不仅形象地表达了原著书稿的内涵，而且还给读者提供了一个丰富的再创造力和想象空间。

图 2-23 吕敬人先生设计的《黑与白》

第二节 西方书籍装帧设计发展概述

一、西方原始书籍形态

西方的装帧设计艺术同中国的装帧设计艺术一样，也经历了一个漫长的发展过程。在造纸术传入西方国家之前，那里的人们取材于当时有的物质材料，如石头、陶器、树叶、羊皮、纸草、金属等，经过一番加工后刻写成文字而成为最原始的书籍形态。

1. 泥板书

大约公元前 3000 年，古巴比伦人和亚述人用削尖的木杆在一些平或微突起的泥板上刻写文字，而后放在火里烧制成书。这些泥板尺寸约 20 cm×30 cm，每块上均刻有书名和号码，将字板按顺序铺开，就是一部完整的书，但因这种材质的书十分笨重，又不便于携带，故被后来的羊皮书所取代。

2. 树叶书

古埃及人用采集的棕树叶和椰树叶等，脱水压平后切成一定的形状，再用线装订成书，有的还在叶边加以装饰或镀金，树叶作为一种天然的纸张，可以集而成册，实现了卷轴装向册页装过渡的书籍装帧形式的革命。

3. 蜡板书

蜡板书是古罗马人发明的，一直沿用到 19 世纪初。它用木材、象牙或金属等做成小板，在板中心挖出一个长方形的槽，槽内盛放黄色和黑色的蜡，再在板内侧上下两角凿孔，然后用绳将多块板串联起来，最前和最后的两块板上不涂蜡，用来保护内页。这种书籍装帧形式已接近近代精装书的装帧形式，蜡板可以反复使用，但由于书写的字迹容易因摩擦而变得模糊，且不便于保存和收藏，最终蜡板书被手抄书所替代。

4. 纸草书

纸草书的装帧相当于中国的卷轴装的形式，它是公元前 25 世纪埃及人的主要书写材料。纸草是生长在尼罗河两岸的一种芦苇，经过切片、叠放、捶打、打磨等工艺制作成纸，但由于这种纸质地脆，不能折叠，因此只能粘成几米或几十米的长卷，卷在一根雕花的木棒上，就如中国卷轴装的“轴”，每个纸草卷都贴有标签，以备随时检阅。纸草卷检阅者一手执棒，一手展卷，手一松，纸草卷就会卷起来。纸草卷的携带和保存不方便，后来欧洲人由于纸草卷价格昂贵，就用羊皮做成了纸取代了纸草卷。

5. 羊皮书

羊皮书是公元前 2 世纪小亚细亚柏加马人的杰作，当时，由于埃及禁运纸莎草纸，柏加马人被迫转用羊皮作为书写材料。羊皮的制作工艺复杂，但质轻而薄，坚固耐用，且便于裁切和装订，故传入欧洲后，被大量推广，这使得欧洲书的形式也逐渐从卷子变成册页。当时人们将一大张羊皮折叠，或裁成 4 开、8 开或 16 开等，然后装订成册，这样便出现了最早的散页合订书，羊皮还可涂染成各种不同的颜色，常见的有紫色和黄色，书写墨水有金黄色或银色，普通的羊皮书主要在外面包皮，里面贴布，用厚纸板做封面，华贵的则以锦、绢、天鹅绒或软皮做封面，并镶嵌宝石、象牙等。羊皮书与泥板书和纸草卷相比具有更多的优点，故在公元 4 世纪，取代了泥板书和纸草卷，成为手抄书的标准形式。

二、西方现代书籍设计艺术概况

13 世纪后纸张逐渐代替了欧洲原有的莎草纸和羊皮纸，成为新的书写材料。15 世纪以后，随着经济和文化的迅猛发展，手抄本已经不能满足人们的精神需求。德国古登堡发明的铅铸活字印刷术实现了手抄本向印刷本的过渡，它包括字、油墨、纸张和印刷机，其在字体和正文版式设计方面与手抄本相同，版式较手抄本更整齐精确，这一技术席卷欧洲，大大提高了书籍制造的速度和质量，使图书数量增加，图书的种类也不断增多。16 世纪以后，欧洲的书籍明显地分为实用书籍和王室特装书籍，前者简单实用，开本袖珍，既降低了书价，又使得书籍日趋平民化；后者则富丽堂皇，十分考究，18、19 世纪时这种豪华本有所增加，很多富有的贵族、绅士精心收集名著，加以修饰和装订，以示其文雅和富有。

19 世纪末 20 世纪初，现代美术运动在西方设计领域兴起，标志着西方书籍装帧已进入现代装帧阶段。现代美术运动将书籍的装帧设计提高到很高的地位。在英国，威廉・莫里斯开拓了现代书籍装帧设计艺术，他反对书籍产业的工业化和机械化，强调艺术设计的重要性，以提高书籍质量为原则，提倡书籍装帧设计的美感创造，设计风格的自然、华丽、美观。图 2-24 所示为威廉・莫里斯的装帧设计作品。

莫里斯的理念影响深远，在法国、荷兰、美国均兴起了书籍装帧设计革新运动，使欧洲的书籍设计艺术迈出新的一步，之后，立体派、达达派、超现实主义、至上主义和构成主义的出现打破了旧的装帧设计法则，设计家们利用各种工艺、材料、形式和手法来表现新的空间、新的概念，装帧设计艺术进入了展现多种形式和多种风格的鼎盛时期，也使书籍装帧的商品竞争意识日趋激烈。图 2-25 所示为青年风格的封面设计。

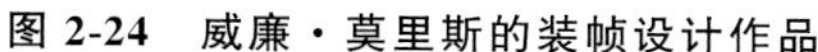

图 2-24 威廉·莫里斯的装帧设计作品

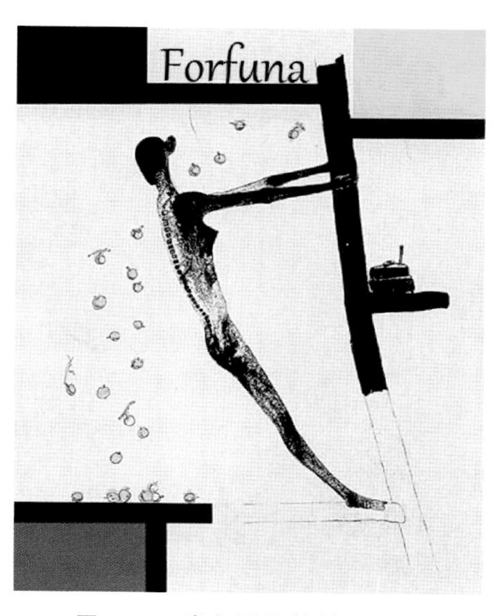

图 2-25 青年风格的封面设计

意大利未来派书籍装帧设计最大的特征是讲究书籍语言的速度感、运动感和冲击力。在版面中文字、图形富于动感，呈现不定格式的布局，是对传统线性阅读发起的挑战。

达达派采用拼贴、蒙太奇等手法，表现出一种怪诞、抽象、混乱、毫无章法的书籍版面。

俄罗斯构成主义是现代书籍装帧设计艺术的起点，它在版面设计和印刷平面设计两个领域都具有革命的意义，它是一种理性和逻辑性的艺术，其版面编排以简单的几何图形和纵横结构为装饰基础，色彩较单纯，文字采用无装饰线体，具有简单、明确的特征，如图 2-26 所示。

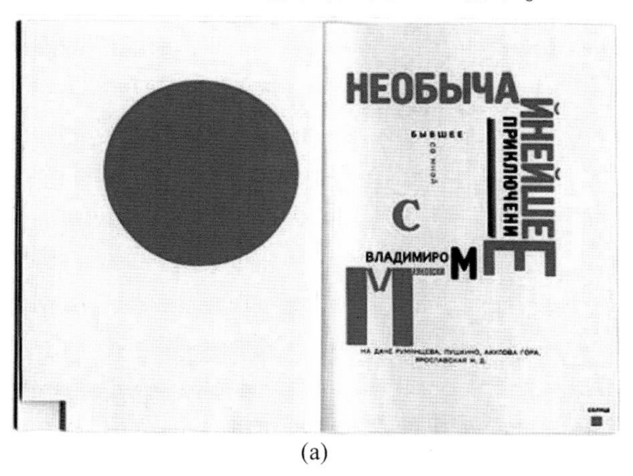

(a)

(b)

图 2-26 构成主义风格的书籍装帧设计

上述书籍装帧设计革新运动中涌现出的众多流派都有各自的特点，同时又相互吸收借鉴，丰富了各国的书籍装帧设计艺术。此后，新的流派层出不穷，如超现实主义、后现代主义等，共同推动了书籍装帧设计艺术的蓬勃发展，20 世纪中叶以后，经济复苏，工业技术迅速发展，新机械和工艺的发展和运用，促进了文化的飞速发展。计算机技术进入设计、印刷领域，取代了传统的手工操作，书籍装帧设计受这一新媒介、新技术的挑战，发生了剧变。在形式、功能、材料上更趋于多元化，集图像、音响为一体的视频图书，以光盘为载体的电子图书出现。随着这些技术的日趋成熟，人性的表现与关怀成为现代各国书籍装帧设计艺术发展的共同趋势。作品的风格及其特有的格调、气度和风采受不同民族经济基础、心理结构、观念和审美要求等多种因素的制约，呈现出琳琅满目、异彩纷呈的多元格局。如：英国的书籍装帧比较简约、朴素、严谨、传统；美国的书籍装帧则豪华、气派；法国的书籍装帧有人文精神渗透其中，又受到绘画的影响，显示出华丽的特征；日本的书籍装帧则小巧舒适，又讲究经济价值，有明显的东方古雅色彩，如图 2-27 所示；中国的书籍装帧更有浓厚的东方内涵。《小红人的故事》一书的装帧设计，由我国的设计师全子设计，采用中国传统的红色，封面上设计立体的剪纸小红人，书脊匝线的人工装订，恰到好处的红黑对比……中国元素的天然、纯熟运用让《小红人的故事》浸染着传统民间浓厚的色彩，与书中展现的神秘而奇魅的乡土文化浑然一体，如图 2-28 所示。

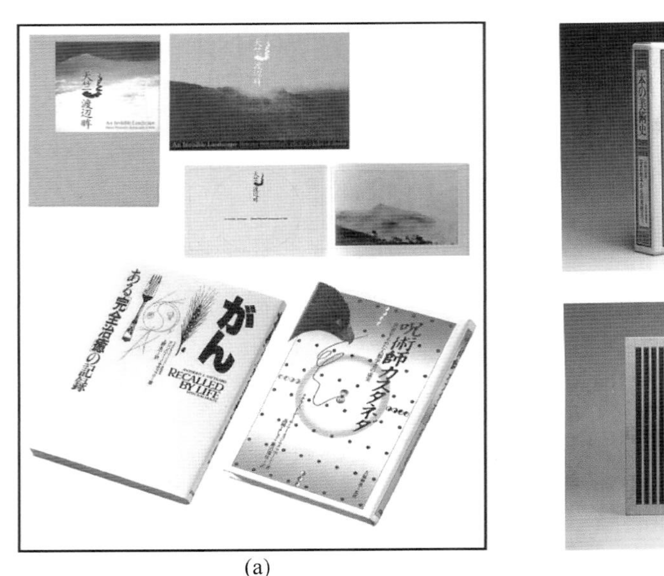

(a)

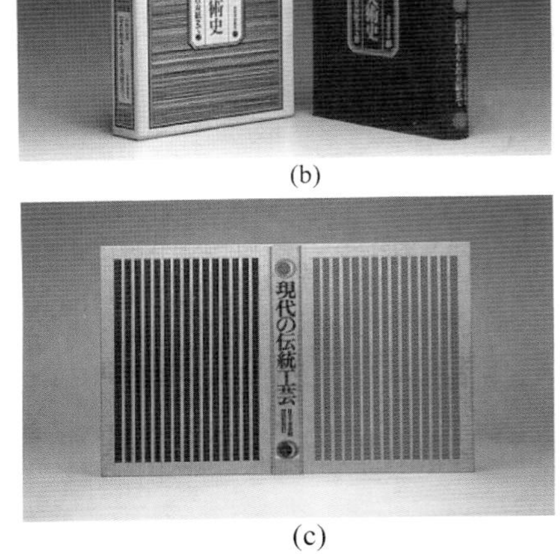

(b)

(c)

图 2-27　日本优秀的书籍设计

(a)

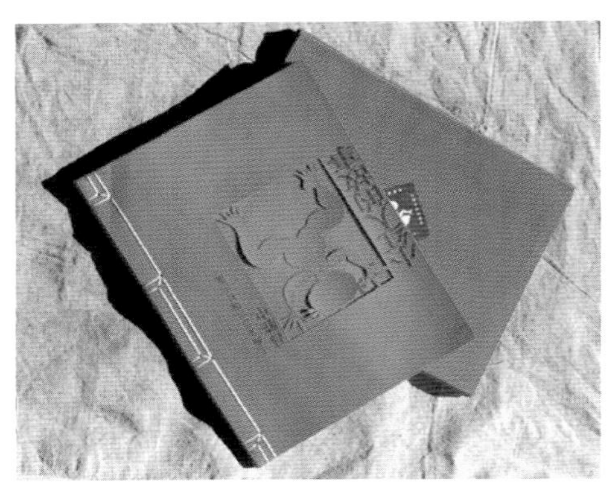

(b)

(c)

图 2-28　国内优秀的书籍装帧设计

第三章

书籍装帧的创意与设计

教学目的

通过对书籍装帧外部及内部结构的学习,让学生对书籍的基本结构与形态有一个总体的了解与认识,培养学生对书籍结构和形态的空间认识能力,让他们掌握书籍每一组成部分的创意与设计要点。

教学重点

书籍的基本结构形态及每一组成部分的创意设计。

教学难点

引导学生全面掌握书籍装帧外部及内部结构,并能根据书籍的类型进行合理的创意设计。

思考练习

介绍一本精装书,写出该书的每一组成部分的名称并分析其装帧设计特点,以 A4 纸张打印并附上相应的文字说明。

第一节　书籍装帧外部结构的创意与设计

一本完整的书是由诸多部件构成的。书籍装帧根据功能和结构的不同,可分为起保护作用的外部构件设计(如封套、腰封、书函等)和丰富书籍的内部结构设计(如环衬、扉页、版权页及书籍核心的正文页等)两类。这些部件的创意和设计涵盖了整体设计的主要内容。熟知和掌握各组成部分的功能作用及创意设计的要求,是把握书籍整体设计的基础。图 3-1 所示为精装书的组成部分。

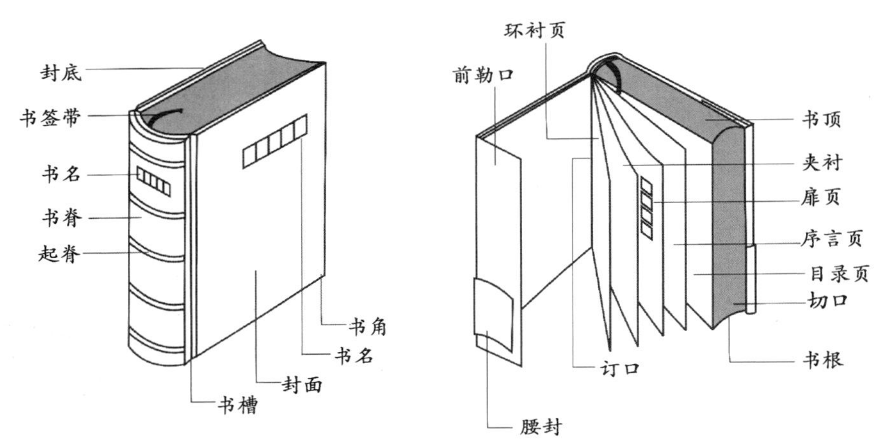

图 3-1　精装书籍的组成部分

一、封套

现代书籍一般有两种规格,即精装本(见图 3-2)和平装本(见图 3-3)。精装书和半精装书(介于精装书和平装书之间)通常用硬度较好的纸或纸板做封面,外面用一层包封纸,称为护封或外封面(见图 3-4),护封常常是封面的再现,它与封面都起到了保护书心和装饰的作用,设计原理也大致相同,因此在这里我们把它统称为封套。封套的主要设计内容有封面、书脊、封底、勒口、腰封(见图 3-5)。

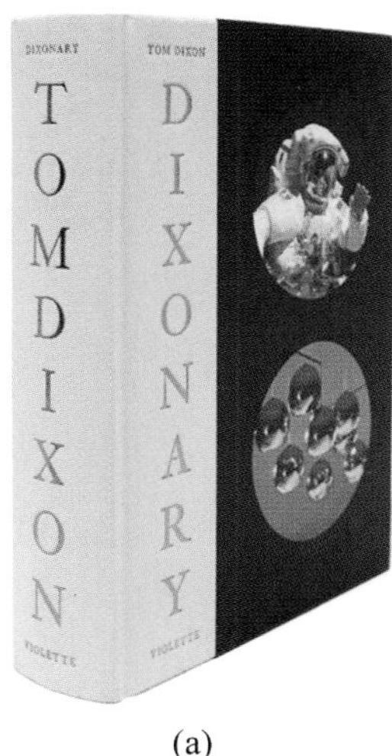

(a)

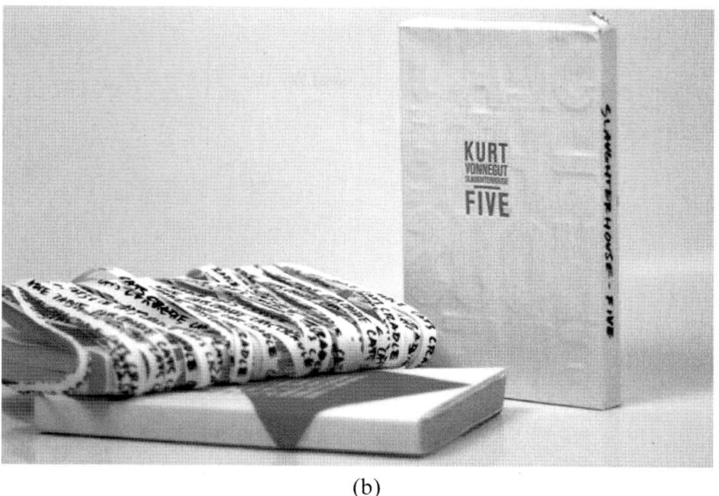

(b)

图 3-2　精装本示例

(a)

(b)

图 3-3　平装本示例

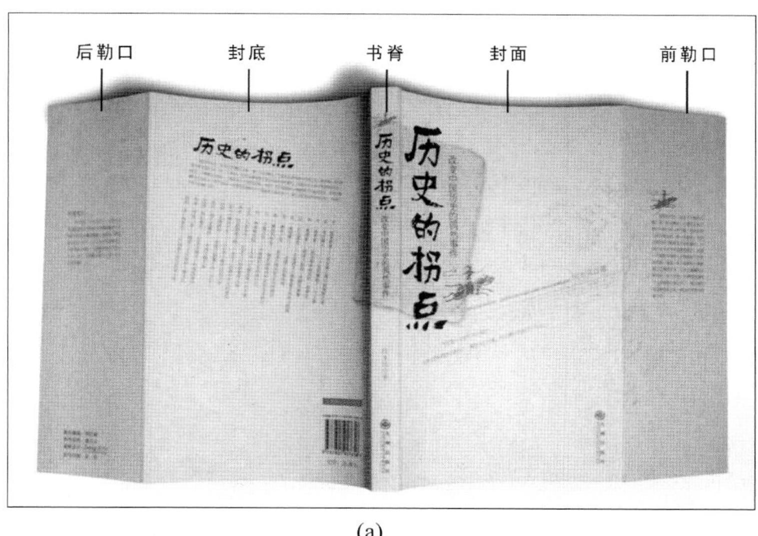

(a)

(b)

图 3-4　书的护封

图 3-5　各种书的腰封示例

1. 封面

书籍的封面也称“书皮”、“封皮”。广义的封面是指书籍的表面部分，它包裹着整个书芯，起到保护书、装饰书和诱导阅读等作用；狭义的封面是指前封面(针对书脊和封底而言)，其主要设计有书名、编著者名、出版社名，能反映书的内容、性质、体裁的主体图形形象，以及色彩、构图、工艺的设计等。封面表达的是一定的意图和要求，有明确的主体，它的目的是使主题被人们及时理解和接受。这要求书籍的封面设计不但要单纯、简洁、准确和清晰，而且在强调艺术性的同时，更应注重通过独特风格和强烈的视觉冲击力，来突出主题。封面的设计要抓住五个要素，即文字、主体图形、色彩、构图、工艺(见图 3-6 和图 3-7)。

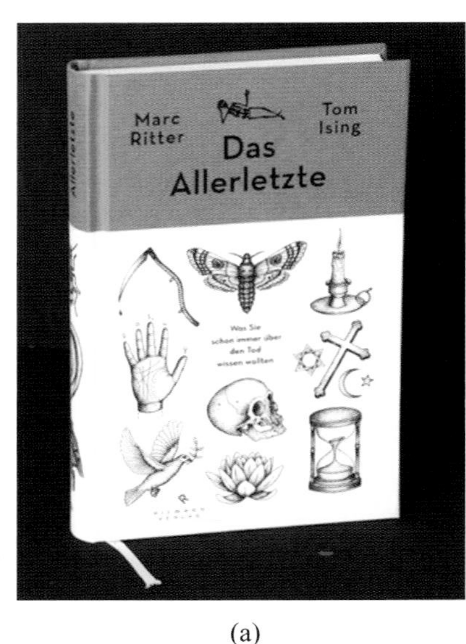

(a)

(b)

图 3-6　封面设计示例

(a)

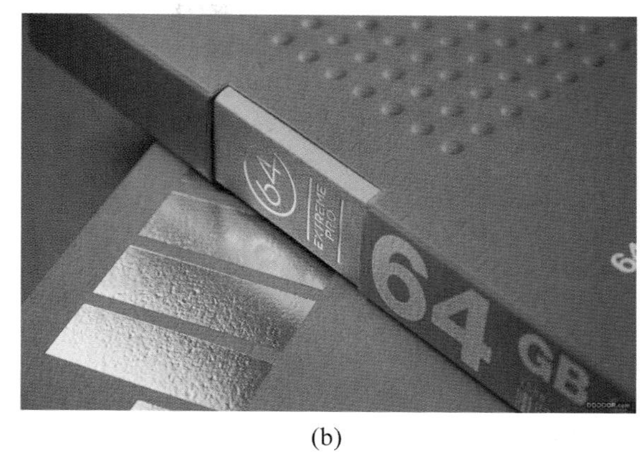

(b)

图 3-7 封面工艺示例

1）文字

书籍封面文字通常有书名、副书名、著作者名、出版社名等，书名就是该书的主题词，传递着图书的主题信息，它是读者关注的中心，同时又是传达情感的符号。副书名则可以提高书名的专指度。著作者名提供了有关的作者信息，读者可以进行比较和选择。出版社名的信息内容可以让读者鉴别其内容的种类、层次和专业特色。有的书籍封面还出现广告形式的文字，这些更便于读者准确、快捷地进行鉴别。封面文字的阅读是一个短暂与复杂的过程，其基本设计要求是要让读者看得清楚、看得懂，在此基础上才考虑形式的美感、情感的传达。书名文字在整个封面设计中具有相当重要的地位，几乎所有的设计要素与创意都是围绕书名设计展开的，其一般设计规律如下。

首先，要根据书籍的内容选择和设计与之相匹配的书名字体。计算机字体库中有大量的不同字体，为我们提供了大量的设计素材，不过要用得对、用得巧才能达到预期的效果，设计者要熟知和掌握各种字体的“性格特征”。比如：黑体字的笔画均匀、端庄敦厚，较为醒目；宋体字形态挺拔，笔画寓于变化、刚柔并济；幼圆之类的字体笔画粗细适中，方圆互成，字体圆浑方劲；书法体的笔画抑扬顿挫，字体婀娜多姿，“表情”千变万化；手写的艺术体和书法体更增添了人性的灵动。一般来说，政治类、社科类等类型书籍的书名常用端庄严正的字体，对于故事性较强的小说和少儿类等类型书籍常用笔画多变、字体灵动、秀丽的字体。

其次，根据书籍内容来对书名文字进行字体设计。虽然计算机印刷字体的种类繁多，但它们的“表情”也比较模式化，会给人一种机械感。所以，我们可以根据书籍内容来设计文字，或者对精心挑选出来符合书籍内容精神的字体的笔画结构进行变形，如运用添加、省略、变形、夸张等变化手法，如图 3-8 所示。

最后，对书名的文字进行编排设计。例如运用不同的字体来组合编排，使用中、英文混合编排，文字与图形结合的编排形式等，如图 3-9 所示。但要注意的是，设计形式要符合人的视觉规律，或从左至右，或从上至下，或倾斜排放，都应该让人看起来顺眼，不要为了追求形式感而破坏它的识别性。

2）主体图形

主体图形是指封面上能引起读者思考或情感活动的图形语言，它是设计者对著作文本内涵情感化的符号和物化的产物，在调动人们的审美情趣方面具有不可替代的作用。主体图形所具有的载体性或本体性的双重属性使书籍文本的内涵凝聚成图形这一载体的同时，也呈现出封面设计的整体美，创造出游离于创意之外的独立审美价值。主体图形的主要表现形式有几何图形、装饰图案、绘画作品、摄影图片及各种插图等。

主体图形的创意与表现是封面的设计难点，当题材确定以后，对于用何种形象图形去表现主题，以及怎样进一步表现的思索是封面设计的重要一步。中国画历来主张“意在笔先”，其中的“意”就是指构思。设计者必须在构思之前充分地理解与原著有关的背景知识，以便较好地把握原著的精髓，在熟悉原著的基础之上，深入挖掘素材，并运用隐喻、联想与象征等手段，围绕书籍的内容、精髓进行原著的形象化再造。构思时要善于抓住反映书籍内容的本质和典型，通过一个点、一个侧面、一个角度对书籍内容进行概括和提炼，参考必要的生活素

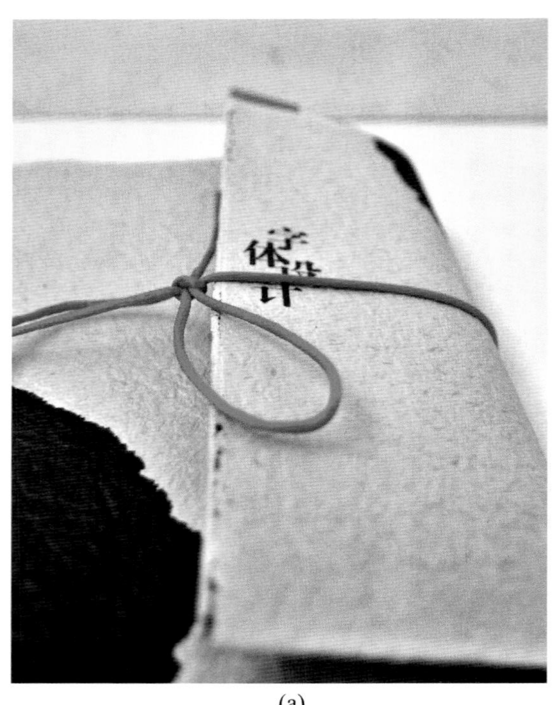

(a)

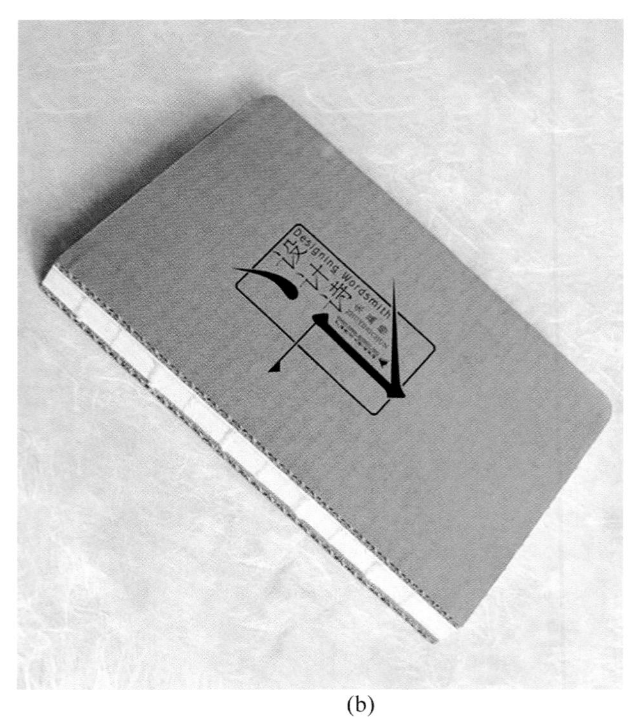

(b)

图 3-8 字体设计及变化示例

(a)

(b)

图 3-9 书名文字的编排设计示例

材和资料，选择一个理想的方案。

(1) 构思的方法有想象、舍弃、象征和探索。

想象：构思的基点，想象以造型的知觉为中心能产生明确有意味的形象，我们所说的灵感，也就是知识与思维的积累结晶，它是设计构思的源泉。

舍弃：书籍装帧大师张光宇先生曾经说过，“装帧设计先做加法，后做减法”。构思过程之初要挖空心思，多画草图，多出方案，到了最后审定方案时，往往“叠加容易，舍弃难”，对多余的细节不忍舍弃，因此，构思时也需要对不重要的、可有可无的形象与细节忍痛割爱。

象征：象征性的手法是艺术表现最得力的语言，用具象来表达抽象的概念或意境，也可以用抽象的形象来意喻表达具体的事物，它们都能为人们所接受。

探索：设计要新颖，构思也需要标新立异，要有创新的构思就必须要有孜孜不倦的探索精神，所以构思时，可以用逆向思维来打破人们惯有的思维模式，对流行的形式、常用的手法、俗套的视觉语言要尽可能地避开不用。

（2）主要表现形式有直述型和表现型。

直述型：一种较为直接的表现手法，它将书籍的中心内容较为直观、准确、形象地表现于封面上，这种表现方法带有较强的说明性，使读者能够直观地从封面形象中读出书的主题信息，常用具体的形象来回答封面命题，如图 3-10 所示。直述型的封面形象一般运用写实性较强的图像或图形来表现，通常适用于主题较为具象的书籍，例如各种类型的教材、以著作者为宣传卖点的书籍，如个人画册、著作集等。可以将表现教材主题的图形或图像、作者肖像、代表作品等经过一定的艺术处理和组织编排直接表现在封面上，对于一些文学类的书籍也可以用这种手法，将作品中的典型人物、事件、场景、气氛等进行提炼概括，通过将文学形象转化为视觉绘画形象的方法，使其成为封面的主体形象。

(a)

(b)

图 3-10　直述型封面图形

表现型：运用意象化或抽象化的形象来表现书籍主题，如图 3-11 所示。何谓意象化的形象？“意”是设计者主观的心意，“象”是客观的物象，意象化的形象是具有客观物象的形态又被赋予或体现着人主观情感的一种新的形象。意象化的形象具有丰富的表现性，给读者无穷的想象力。它通常运用联想、比喻、象征、抽象等手法来按题意设计形象，意象化的封面形象适合用于内容比较抽象的书籍，例如散文、诗歌、艺术等类型的书籍。一般具体的形象不能概括和表达的封面主题，可以用意象化的主题形象来表达。

3）色彩

西方著名美学家鲁道夫·阿恩海姆曾在他的论著《艺术与视知觉》中提出这样的观点：“严格来说，一切视觉表现都是由色彩和亮度产生的。”很多时候，色彩在视觉传达中是优先于图形和文字的。色彩能够对视觉造成强大的刺激力也能够表现各种情感，怎样运用好色彩来为封面增添光彩，是封面设计的主要任务之一。封面色彩的运用应该注意以下几点。

（1）根据书籍的特征选择色彩类型。什么样的内容赋予什么样的色彩，种类不同，面对的读者群不同，运用的色彩基调也有差别。一般来说，青春、儿童读物的色彩，根据青少年娇嫩、单纯、活泼、可爱的特点，色彩运用往往较为高调，并适当地减少各种对比的力度，营造一种清新、适目的感觉；女性书籍主题的色调可以根据女性的心理特征，选择温柔、妩媚、典雅、时尚的色彩系列；艺术类书籍的色彩则强调刺激、新奇，追求色彩个性及视

(a)

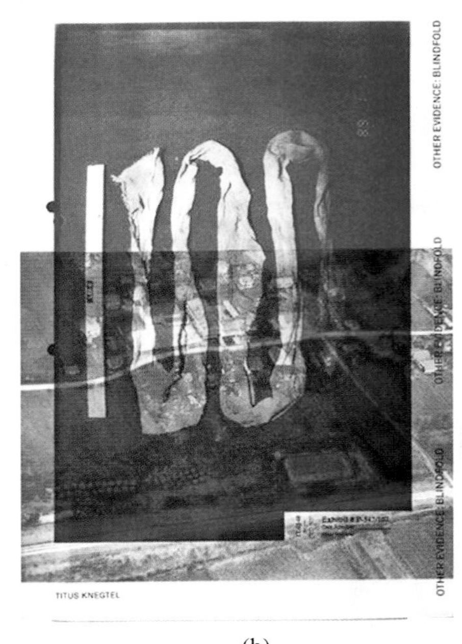

(b)

图 3-11 表现型封面图形

觉冲击力，如图 3-12 所示；而文艺类书籍的色彩要求具有丰富的内涵，要有深度，切记轻浮、媚俗，如图 3-13 所示；科普类书籍的色彩可强调严肃的科技感和神秘感；专业性较强的教材类书籍的色彩则要端庄、高雅、体现权威感，不宜强调高纯度的色彩对比。当然，时代在变化，设计者应该把握住色彩的流行趋势，善于运用流行的色彩来抓住读者眼球。另外，封面色彩除了受书籍内容和读者的制约外，还受立意、构图、形象等形式因素的制约。

(a)

(b)

图 3-12 艺术类书籍封面色彩刺激、视觉冲击力强

(a)

(b)

图 3-13　文艺类书籍封面色彩富有内涵与深度

(2) 利用各种色彩的构成形式，创造独特的视觉效果。即利用色彩在封面上空间、量、质的可变幻性，按照一定的色彩规律去组合构成要素间的相互关系，创造出新的理想的封面色彩效果。例如使用配色取得封面画面的空间、平衡、强调、节奏、渐变、分割等效果。

封面色彩的最终效果与印刷、材料、工艺、成本都密切相关，所以，设计者需要了解各种印刷和工艺的特征，合理利用不同的封面装帧材料的本色和肌理，根据不同的印刷工艺和成本来设计。

4) 构图

法国著名野兽派画家马蒂斯说："所谓构图，就是把画家所要应用来表现其情感的各种要素，依照装饰的意味而适当地排列起来的艺术。"封面除了设计好图形形象、色彩、文字等元素之外，还要将这些元素置阵布势，在封面上组织成一个富有形式意味的并且协调完整的画面。构图形式可以是垂直的、水平的、倾斜的、曲线的、交叉的、向心的、放射的、三角的、散点的等，归纳起来就是对称和均衡两种。对称的构图让人有庄重、安定之感，如图 3-14 所示。均衡是等量不等形，力求给人带来视觉上的平衡感。均衡的构图能给人生动、新颖之感，如图 3-15 所示，它比完全对称构图产生的效果更为强烈。

5) 材料与印刷工艺

封面的创意与表现离不开材料与印刷工艺的选择。合理地选用材料与印刷工艺，不仅可以很好地体现书籍的平面视觉效果，而且能增加其他的视觉效果，更能增加其他的触感，提升书籍整体的艺术表现力。图 3-16 所示凹凸压痕工艺示例，图 3-17 所示为烫印工艺示例。

2. 书脊

书脊是包裹书心的订口，连接书籍封面和封底的部位，也称书背和封背，它是封面的组成部分。在其脊部上通常印有丛书名、书名、作者名及出版社名等，书籍的装帧材料通常与封面的材料是一样的，但也有的书脊与封面、封底运用不同的材料，如纸面布脊、纸面皮脊等。书脊的设计是封面设计的主要环节之一，它的面积虽然不大，但作用却不容忽视，比如，在书店，当书籍被竖着放置在书架上的时候，书脊就成为展示书籍风貌的第二张脸，它不仅能使读者与书店工作人员轻松、快捷地识别或查取所需的读物，而且能够吸引读者的眼球，起到促

图 3-14　书籍封面对称构图示例

图 3-15　书籍封面均衡构图示例

图 3-16　凹凸压痕工艺示例

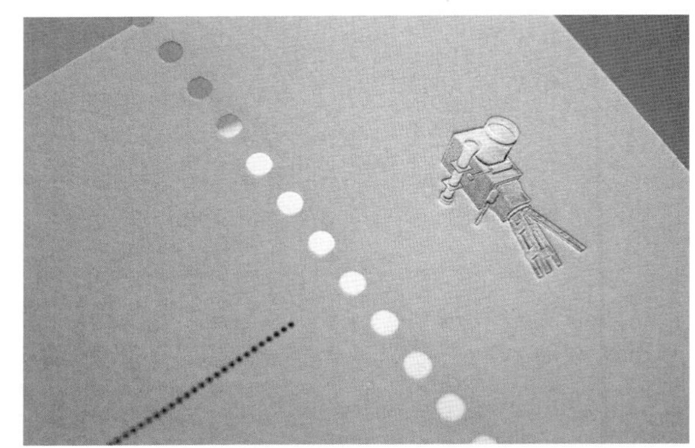

图 3-17　烫印工艺示例

进图书销售的作用。图 3-18 所示为书脊设计示例。我们设计书脊的时候应该注意以下几点。

(1) 书脊上的文字要清晰、明确,视觉识别性高,这是书脊装帧设计最基本的要求。书脊上的书名是它重要的信息,所以要醒目突出,通常书脊上书名的字号要比其他文字的字号大,排放在书脊的中上部位,以适应人们的视觉习惯,而其他的信息则要根据这些信息的重要性来决定。中文字一般从上至下排列,若是拉丁字母,则应该根据书脊的情况及阅读习惯来排列。有的书籍信息过长,没有地方安放,则可以不用安放,但是书名和出版社名是不能省略的。

(2) 书脊不是孤立存在的,它是封面整体的一部分,其设计应该与封面相呼应,并保持一致的风格。设计时,书脊会重复使用封面的一些元素,可以挑选封面中所用图案的部分形象来加强封面效果,此外还可以与封面、封底自然形成一个整体,有助于书籍整体设计风格的和谐统一。需要提醒的是,书脊设计要考虑它与封面的协调和统一,但是当书陈列在展销架上的时候,书脊又是一个相对独立的展示面,因此,我们设计书脊时既要考虑到整个封面展开的效果,又要观照到书脊的独立展示效果。

(3) 系列书的书脊设计要注意两个方面的问题:一方面要保证系列书籍的一致性,每一本书书脊的共同要素都要与其他分册书脊的风格保持一致;另一方面,设计者要注意系列书籍的连续性,利用排列的顺序,制造出多种视觉趣味,具体方法有在分册的书脊上运用不同的色彩来区分内容,也可以运用有连续性的色彩,例如由一种颜色到另一种颜色的渐变等，或者是将书脊连成一个画面，这样使系列书籍能在整体中显现出变化。

(a)

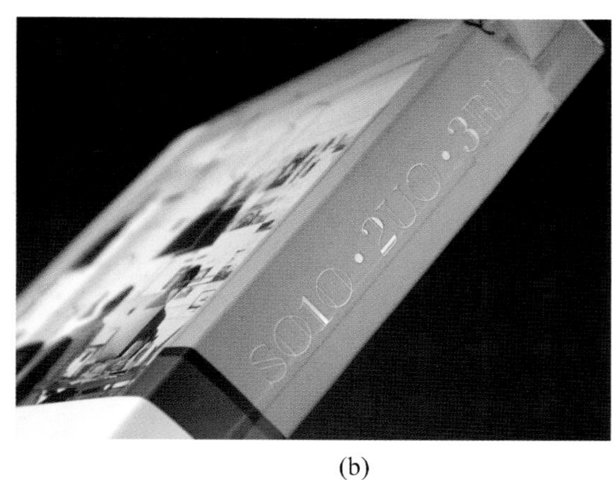

(b)

图 3-18 书脊设计示例

3. 封底

封底是书籍的底面，通常在它的右下角印有书号、定价、图书条形码，有的还印有内容提要和装帧设计者、出版人以及版权页的内容等信息。封底是书籍设计中的重要环节，同时也是很容易被忽视的部分，封底的设计应该注意以下几点。

(1) 与封面的统一性和延续性。封面和封底是一个整体，优秀的封底设计可以延伸美感，它们共同承担着表达书籍整体美的任务，所以，封底的画面效果应与封面的画面效果统一和谐，它所采用的图形、文字、编排方法不一定与封面完全相同，但应有联系，与封面相呼应。

(2) 注意处理好封底与封面的主次关系，充分发挥封底的作用。从某种意义上来说，封底是一本书结束的标记，它与封面有着各自不同的功能，封面是先声夺人，有时也是张扬的，它需要尽情地展现自己，而封底不在于炫耀，而是隐匿在书籍整体之美中，所以设计时应把握住这些关系，画面的轻、重、缓、急都应该仔细斟酌，在统一中寻找对比，并要保证在连贯的整体下，封底独立展示的效果。此外还要充分利用封底版幅来宣传图书及出版单位。

4. 勒口

勒口是指书的封面和封底在翻口处再延长若干厘米，向书内折叠的部分，亦称"折口"。通常精装书的护封必须要有勒口，它使护封紧紧依附在封面上。书籍的勒口可宽可窄，它的长度要根据书籍的成本来定，太窄显得简陋，太宽则显得累赘。勒口的主要作用是增加封面的厚度，从而防止封面卷曲，此外，它还可以延伸封面的主题内容，丰富人们的视觉审美。勒口上可以印刷书籍广告、新书目介绍，或是作者简介，以拉近读者与作者的距离，还可以印上书籍的故事梗概或是与内容相关的信息。

5. 腰封

腰封是书籍的可选部件，是环包在书籍护封或封面外的带套封，腰封高 3～5 cm，裹住护封腰部，故得名。腰封多用于精装书的装帧，上面一般印有书的要目、内容简介或作者简介，以此补充封面表现的不足，起到装饰和广告的作用。腰封常选用不同于封面的材质，既可以突出宣传的内容，又丰富了书籍的外观视觉效果。腰封的使用以不影响护封或封面的效果为原则，封面被它遮盖的部分应该尽量避免编排书籍的重要信息。

总之，封面封套的设计必须从整体的角度去观照每个设计部分，以及字体、图形、色彩、编排等因素，只有整体地构想与设计，才有可能创造出良好的封面效果。

二、书函

书函是书籍的各种护装形式，亦称"书套"、"书帙"，主要指用于线装书的书匣、书夹以及现代书刊外面的各种包壳。书函本身有较强的装饰作用,其设计应该遵循以下原则。

(1) 形式服从功能。书函设计应以其功能为主,保护书籍、便于携带或存放等都是书函设计首先要考虑的问题,过于奢华、累赘的表面装饰是不可取的。

(2) 材料的选用及印刷、加工工艺的选择要符合书籍内容与整体设计风格,不可盲目凑合。

(3) 结构形状与其配饰相匹配。

1. 书匣

书匣一般用于具有收藏价值的经典著作,它是依据整部书籍的大小厚薄制成的专用箱柜,如图 3-19 所示。书匣的正面设有匣门并刻写上书名。

(a)

(b)

图 3-19 书匣设计示例

2. 书夹

书夹是在书的上下两面各置一块与开本同样大小的木板,板上穿孔,左右各用两条布带或缎带贯穿其中并加以捆扎,起到用夹板保护书的作用,如图 3-20 所示。

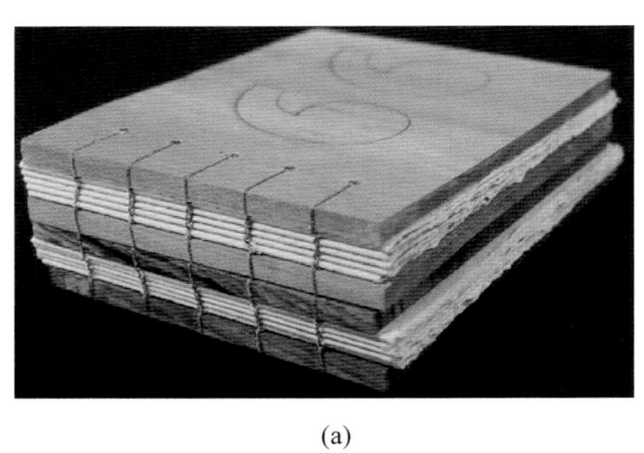

(a)

(b)

图 3-20 书夹设计示例

3. 函套

函套一般用厚纸板做里,外面裱上棉或丝织物,在开启的地方,挖成环形或如意形、月牙形,并有扣,如图 3-21 所示。函套还有四合套和六合套,用于包装整部分册的线装书,并于若干函组成一部。

(a) (b)

图 3-21 函套的设计

以上介绍的多为古代线装书的护装形式，但它们仍然适用于现代书籍装帧设计。设计时应该注意以保护书籍内部为前提，以符合书籍内容和装帧风格为条件，以美观、大方，吸引读者为目标，结合现代的材料和设计表现手法进行创作。

第二节 书籍装帧内部结构的创意与设计

一、零页

书心是书籍的主题，是承载正文及部分辅文的部分。零页是指在书心前后，连接封面与书心的部件，它包含以下几个部分。

1. 环衬

环衬指封面与书心之间的一张对折双连页纸，一面粘贴在封面或封底背面，另一面贴牢书心的订口。衬在封面之后，扉页之前的叫“前环衬”；衬在书心之后，封底之前的叫“后环衬”。精装书的环衬粘在封面或封底的背面，通常用比较厚实坚韧的纸张，可以保持封面平整，加固书心与封面的连接。有的平装书在前后不衬双连页纸，而只放单页纸，我们把它称为“单环衬”。

环衬的设计要注意两方面的内容。首先，其图案、材质、色彩的变化要符合书籍的内容、性质与装帧风格。其次，要在统一中寻求差异，可以通过图案的繁简、色相与色度的变化、材料的肌理和光泽等来体现。具体来说，社科类的图书，书籍内容较为严肃、抽象，一般采用颜色淡雅或压有自然肌理的纸张做环衬。而色彩丰富的艺术类图书和画册，则采用具有特殊效果的纸张，例如色彩艳丽的荧光纸、透明度较高的硫酸纸等做环衬。

2. 扉页

扉页也称为书名页，是指封面或环衬后面的一页，上面记载着比封面更详细的书籍内容，包括书名（有正书名、副书名、说明书名的文字）、著作者（包括翻译书原著作者的译名等）和出版者的名称。扉页除了保护正文和重现封面、增加书籍美感外，还具有对封面的补充作用。

扉页设计一般以文字为主，要求简单大方，书名文字要醒目，其他文字的字体、字号得当，位置有序。印刷多用单色，也可适当加上装饰图形和插图，但应以明朗、清晰为主，不宜过于繁杂。扉页是书籍中不可缺少的重要组成部分，它是封面和正文的连接桥梁。扉页设计既要以书籍内容为依据，又要能控制封面与正文的节奏关系。图 3-22 所示为前扉页和后扉页设计示例。

(a) (b)

图 3-22 前扉页和后扉页设计示例

3. 序言页

序言，也称导言、导论、绪言，是写在著作正文前的文字，通常是该书的导读和说明，如创作意图、创作原则、创作过程以及与该书出版有关的事情。序言页一般放在扉页之后目录页之前。

4. 目录页

目录页是书籍内容的纲领，一般位于序言页之后，在书籍中起着便于翻检的作用。目录页要求简练、明确。视其具体内容和需要，书籍中的目录可一直编排到章节子目。目录一般由内容所在的页码数字、章节标题和标志二者关系的连接符号组成。目录的设计有着较大的创意空间，在字体、字号的选择以及版式编排上都可以做文章。图 3-23 所示为目录页设计示例。

5. 辑封页

辑封页是书籍正文内的插页，常作为诗集或文艺作品分辑的首页或部、篇的首页，也可作为大部头书籍或者手册的每篇或每章之前的插页，又称篇章页。辑封页是书籍各部、篇或章节的分隔，能使读者的视线得到停顿，因此设计要求简洁大方、装饰感强，画面效果要与整体的装帧风格相统一，各辑封页之间既要体现出连续性，又要有所变化。可以运用特殊纸张或特殊工艺来提升书籍整体的艺术品位。图 3-24 所示为辑封页设计示例。

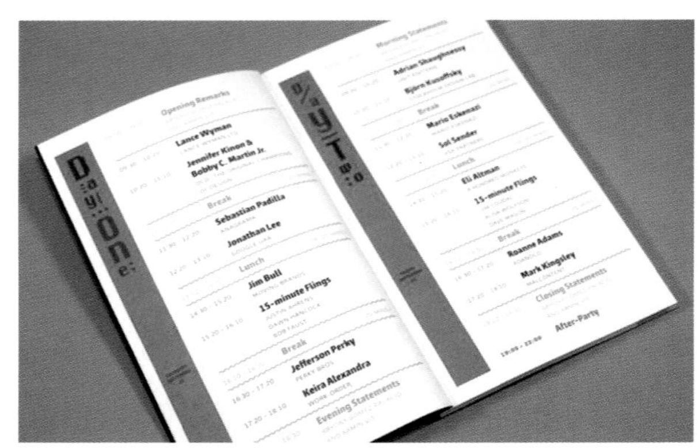

图 3-23 目录页设计示例

图 3-24 辑封页设计示例

6. 版权页

版权页是对书刊的作者、编辑者、出版者以及其他版本情况简要记载的专页，也称版本记录页。它的作用在于方便读者考察图书的版本和出版信息，有助于保障作者和出版者的合法权益。书籍的版权页一般印于书籍正文的最后一页，也可印在扉页背面，期刊的版权页一般置于封底固定的地方。其内容包括图书在版编目(CIP)数据、书名、作者名、出版者、发行者、印刷者、书号、定价、开本、印张、字数、插页、版次、印次、发行范围等。

在设计上，版权页的编排一般比较严肃，不宜有太多变化，有时被排放在视觉注意力较低的版面下端，以降低调子，暗示着整本书的阅读即将落下帷幕。

二、其他附件

1. 书签

书签是标志着阅读停止的纸签，也可用一根一端粘在书心的天头脊上，另一端不加固定的织物带(称为书签带)作为书签。书签的设计应具有明确的主题性和趣味性，以此来提升书籍阅读的审美情趣，深化书籍的艺术美。

2. 藏书票

藏书票是一种专门夹在某些图书中的美术作品小型张，用以纪念某一书刊的出版发行，也可供读者收藏。

第三节　书籍整体创意与设计

一、整体设计的概念

早在中国古代，就有对书籍整体设计的描述："护轶有道，款式古雅，厚薄得宜，精致端正"。这句十六字的箴言道出了当时的书籍制造者们对书籍整体装帧的关注，书籍的功能、形态以及内文编排形式等都是衡量书籍整体装帧质量的标准。

书籍整体设计是指在设计书籍各个部分之前，要树立整体意识。也就是说，书籍整体设计过程不仅包括封面设计、零页及正文设计、装帧形态结构设计等，还要具备实现形象表述的整体的操作意识。设计师不仅要具备较强的创意设计能力，还要了解一定的印刷设备条件及印刷工人的技术水平，从而清楚地认识和把握书籍在制作过程中所能实现的程度。只有这样才能在具备书籍设计整体意识的过程中实现自我完善和提高，创作出一流的书籍设计艺术品。

整体设计的具体内容涉及书籍的每一个细节，包括书籍开本、封面、书脊、封底、勒口、环衬、扉页、目录页、辑封页、版权页等必备结构部件设计，还有书函、腰封、书签、藏书票等可选部件的设计，内文版式的版心、页眉、页码、标题、插图，以及封面材料、内文用纸、印刷工艺等。

书籍整体设计要求如下。

(1) 书籍形态的认可性，让读者易于发现书籍的主题。

(2) 信息的可视性和可读性。视觉要素要清晰，让读者一目了然，便于读者阅读、检索。

(3) 信息传达的整体化与单纯化。全书要有节奏感，层次丰富，将书籍内容与设计有序地展开，并传达给读者。

(4) 信息传达的感观刺激，注意利用书的视、听、触、闻、味五感来传达书籍内涵和设计意念。

二、整体设计程序

(1) 确立对书的认识。书并不是瞬间静止的凝固物，而是与周围环境息息相关的生命体。

(2) 了解内容、突出主题。设计者可通过审读书稿内容，与作者、责任编辑沟通交流来达到这一目的。可以把提炼出来的主题思想设想为一个需要解决的问题，即用何种视觉语言来表达主题，让读者接受并产生共鸣。

(3) 收集设计素材。围绕主题，尽可能多地收集相关的绘画、摄影、图形资料。

(4) 整体立意与构思。勾画书籍设计的草图方案，把涉及书籍整体视觉表现的各个要素，包括书籍尺寸的大小、封面艺术形象的表现、书籍内容的时间和空间构造等,都用草图的形式表现出来。

(5) 设计定稿。在确定书籍整体策划方案后,就要根据草图的创想,在计算机上制作正稿,并对书籍视觉元素做具体设计和修定,如封面图形、文字、色彩的具体设计,版式图文的编排等细节的设计。最后还要按照印刷出版的要求对设计稿进行校对,如尺寸、电子文件格式、出血是否符合要求,文字、线框、图形、标色是否正确,印刷工艺要求是否标注清楚等。

(6) 发稿、制版打样后,还须仔细检查校对,及时更正误差,以保证书籍质量。

(7) 校样。经设计者、责任编辑或负责人首肯并签署意见后,交印刷厂正式开机印刷。

三、书籍整体形态的设计

1. 开本设计

开本的选择与确定是书籍形态设计的首要内容,它表示书籍幅面的大小。每全张纸开切成多少等分的小张纸,就称为多少开本,一全张纸开切成的纸页数量称为开数。例如,一全张纸开切成 16 小张纸就是 16 开,若开切成 32 张就是 32 开。目前我国最常用的纸张幅面规格有 787 mm×1092 mm、889 mm×1194 mm,此外还有 640 mm×960 mm、880 mm×1230 mm 等纸张幅面规格。不同规格的全张纸,多样的开切方法,能裁切出形式丰富的开本,以适应各种书籍的需要(见表 3-1)。

表 3-1　常用纸张开本尺寸(单位:mm)

	全开纸	对开成品	4 开成品	8 开成品	16 开成品	32 开成品
大度	889×1194	860×580	420×580	420×285	210×285	210×140
正度	787×1092	760×520	370×520	370×260	185×260	185×130

(1) 纸张开切的方法通常有三种。

① 几何开切法:将全张纸按反复等分原则开切。这种方法开出的开数规范合理,能完全利用纸张,对装订工艺的适应性高,能缩短书籍印制周期,但由于开数跳跃大,因此开本形式不够多样,如图 3-25 所示。

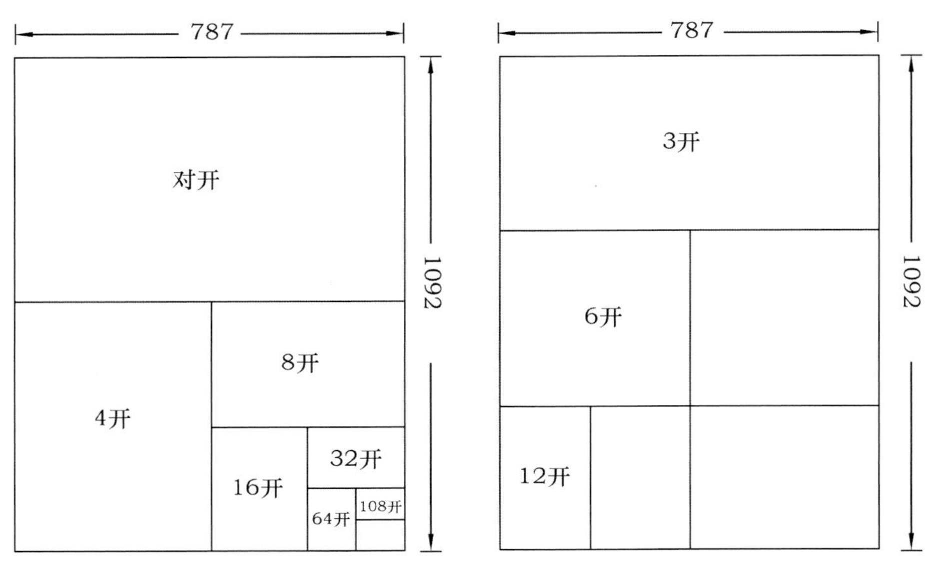

图 3-25　几何级数开切法(单位:mm)

② 直线开切法:将全张纸横向和纵向均以直线开切。这种开切法开数可选性较多,能完全利用纸张,但在折页和装订上有一定的局限,如图 3-26 所示。

③ 混合开切法:用纵横的方法混合开切,可根据出版物的不同需要进行开切、组合。这种方法能适应各种

特殊开本的需要，但印刷装订会有所不便，如图 3-27 所示。

36开					

图 3-26　直线开切法

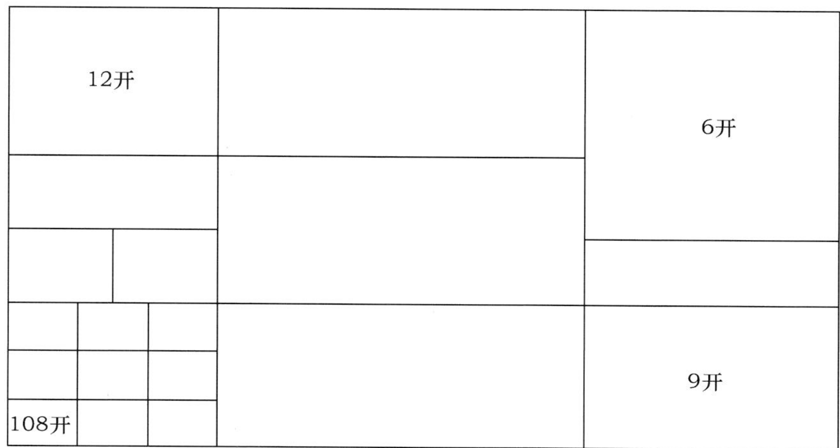

图 3-27　混合开切法

(2) 选择开本时应考虑下列因素。

① 根据书籍内容、用途和门类来选择。以图片欣赏为主的书籍，如画册、各种作品集等多采用 16 开以上的大型开本或特殊开本，如图 3-28 所示；学术、经典著作以及大型工具书、教材、通俗读物等多采用 16 开或 32 开的中型开本；儿童读物、小型工具书、诗歌、散文等常采用 32 开或 36 开以下的小型开本，如图 3-29 所示。对于资料性、珍藏性较强的书，如鉴赏类、珍藏本类的图书，需要长期陈列于书架上，多采用大中型开本；而对于需要方便携带的书籍，如旅游手册、小字典等则可选择小型开本。

② 根据书籍的图文容量来选择。长篇巨著、大型工具书等图文量大的书籍，为了减少书籍的厚度和减轻书籍的重量，方便阅读，可采用大型开本；对于图文量少的书籍则可以选择小型开本。

③ 材料的合理利用。较厚的书籍和发行量较大的书籍一般采用常规开本，这样不仅能够充分利用纸张，而且印刷、装订也方便。

④ 丛书、套书开本形式应保持统一，不能大小不一，期刊也是如此。

2. 切口设计

切口是书籍上白边、下白边、外白边边缘的切割之处。书籍形态是一个由书页组成的具有一定厚度的六面体。封面、书脊、封底占据的三个面是人们视线的重点，而书籍切口形成的三个面，由于受到设计者观念以及经

(a)

(b)

图 3-28　设计书籍的开本设计

(a)

(b)

图 3-29　儿童读物书籍的开本设计

济成本、制作工艺等因素的制约,尚属于设计的"盲区"。随着人们审美需求的不断更新,书籍形态的整体美应该是对书的六面体进行全方位的塑造,切口设计成为整体设计中不可缺少的部分。

切口的设计方式有以下几种。

(1) 改变切口的形态。切口形态依附于书籍的整体形态,书籍的裁切、装订和折叠形式的变化也能导致切口形态的变化。现代书的切口已不拘泥于特定的形状,可能是规则的,也可能是不规则的,可能在一个平面,也可能不在一个平面。

(2) 装帧材料的表达。书页翻动时会带给人们触觉上的感受,故而切口要准确选择与内容相应的纸张,使切口产生非同寻常的表现力,如光滑与毛涩、平整与曲散、松软与紧挺等,不同的质感可体现不同的韵味。

(3) 利用切口面组成画面。作为书籍六面体形态的其中三个面,切口也是文字、图形和色彩的载体。把文字、图形、色彩等元素符号由版面流向切口,物尽其用,便能体现信息符号在书籍整体中流动传递的作用及渗透力,从而起到意想不到的效果。

(4) 将封面与切口结合。书籍的封面设计、切口设计、书脊设计是一个整体设计工程,但是设计者往往把书籍的封面作为一个独立体来进行设计,这通常是受思维定式的影响,因为传统书籍装帧设计都不会刻意设计书籍的切口。然而,一旦发现书籍封面和切口的关系,就可以根据书的内容将封面和切口联系起来,具体做法有色彩的延续、图形的延续等。

总之，切口的设计需要比较专业的装订和印刷技术来支持，具有一定难度，但是只要我们对书籍进行整体设计时有意识地考虑它，不断地尝试、探索，并做适度设计，相信一定能让书籍整体美发挥得淋漓尽致。图 3-30 所示为切口设计示例。

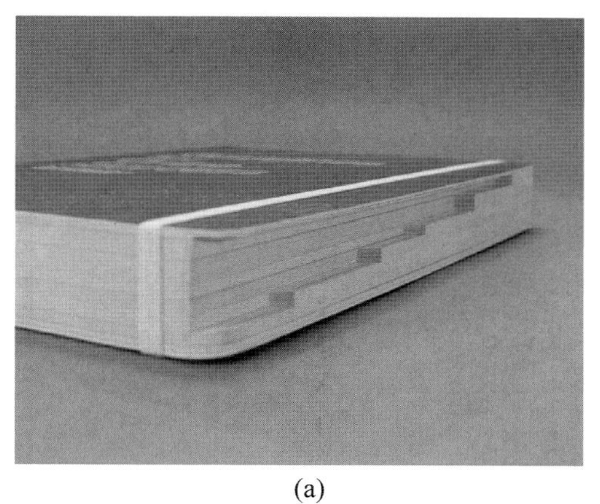

(a)

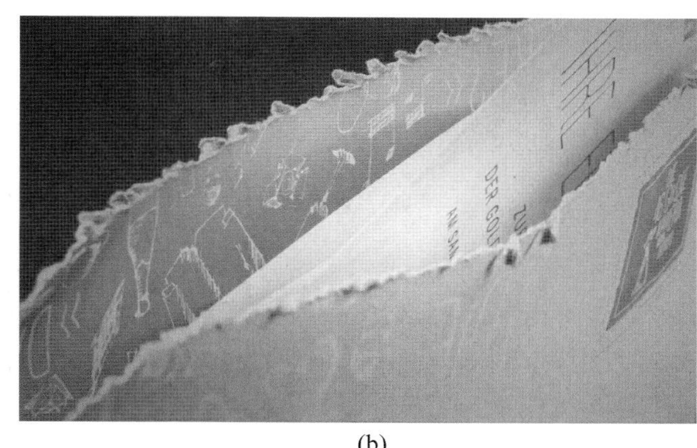

(b)

图 3-30 切口设计示例

3. 结构设计

书籍的各种结构部件是书籍内容展开和演绎的载体。从封面的先声夺人，到环衬的片刻宁静、扉页的低声倾诉，再到各辑封的间歇、版权页的庄严肃静、封底的落幕呼应……这些部件把书稿编织成一曲美妙动人的旋律，有秩序、有节奏地展现给读者。

书籍的结构有必备部件与可选部件之分。前者是书籍必须具备的部件，后者则可以根据书籍的性质和内容、用途等进行灵活的选择。结构设计主要是对书籍各部件进行设计，以及对可选部件的选择与安排。

结构设计与创意原则如下。

(1) 依据书籍的性质类别、篇幅、用途、读者对象及成本等方面的因素来对书籍结构进行选择。例如，函套常用于经典类图书或价值较高的具有特殊意义的书籍，以体现其高贵典雅的神韵，有时还可以增加藏书票，更加强化其纪念意义。护封也是书籍的可选部件，多用于精装本。名家文集、大型工具书、高档艺术画册等常用护封(护封既能保护封面，又能增加书籍的美感)，这类书还常设有书签或书签带，以方便读者使用。环衬则多用于精装与半精装书，且前后环衬配对，以增加书籍的牢固度，当然如果设计需要、成本预算允许，平装本也可使用。广告插页则一般不会出现在端庄严肃的政治理论类书籍中，而常用在青春读物、文化生活类书籍中。

(2) 书籍结构的安排是对书稿内容的编辑，要注意其所呈现的整体的节奏感和旋律感。读者阅读的顺序，视线的调度，阅读感受的轻、重、缓、急等都可以通过结构的调整来增加读者的阅读乐趣。具体说来，可以采用一定的间隔重复手法，使书籍呈现出一定规律的虚实和轻重变化，表现手法如下。

① 将书籍中的象征性图形或标志，从封面到正文的卷页、封底多次有意地重复或带有连续性变化地出现，以形成节奏。书籍版面中的书眉、页码等就起到了这样的作用。

② 利用色彩来控制节奏。书中的辑封页可以使用不同或具有连续性的色彩或色纸，以体现整体的节奏感。

③ 利用版面的视觉效果来调整书籍节奏。将满版出血的插页按一定间隔插于正文中，使其与正文页造成明暗对比或轻重对比，如图 3-31 所示。

4. 加工成形设计

在确定了书籍的整体结构形式与平面设计方案后，便要完成书的物质形态加工，这是书籍整体设计的重要内容。印刷工艺、材料与装订形式的运用是书籍成形设计的三大要素，它们的完美结合能产生不同的视觉与触觉效果，达到最终形成完整的书籍物化形态的目的。图 3-32 所示为书籍成形所涉及的材料及工艺示例。

加工成形设计要考虑以下三方面因素。

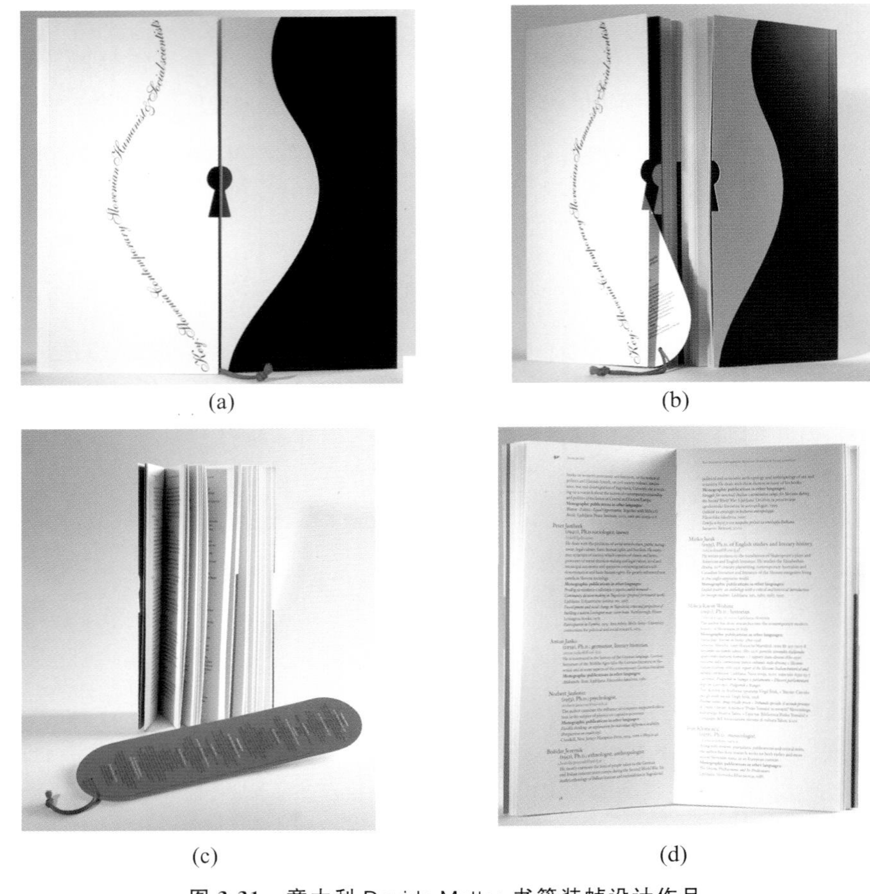

(a) (b) (c) (d)

图 3-31　意大利 Davide Mottes 书籍装帧设计作品

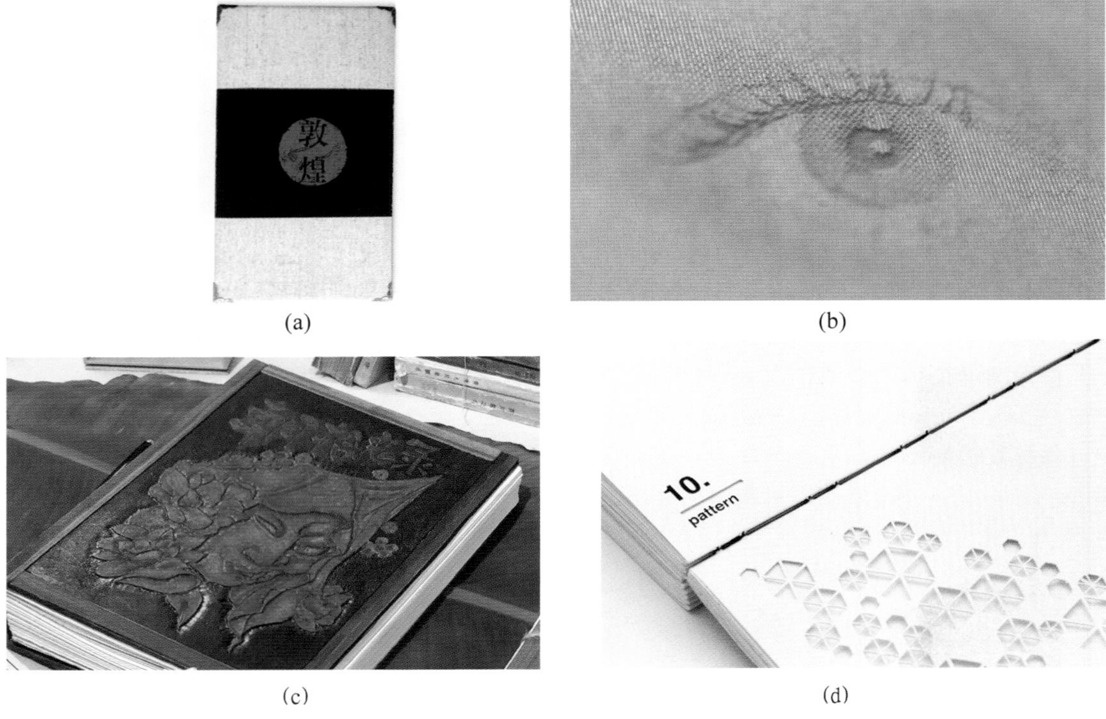

(a) (b) (c) (d)

图 3-32　书籍成形所涉及的材料及工艺示例

(1) 书籍内容与市场的需求。书籍印刷工艺、材料的选择要针对不同种类、不同内容的书并结合不同层次读者的需求特点。选用烫金、银箔或凹凸压痕等工艺，并采用与之相适应的富有弹性的装帧材料，能使书籍显得艳丽富贵，满足市场上部分读者的高档次要求，展现一定的增值趋向，成为收藏、欣赏的佳品。面向儿童的书籍对加工技术的选用要考虑儿童的特点，既要耐磨耐污，又要能还原鲜艳的色彩，如图 3-33 所示。

(a)

(b)

图 3-33　儿童书籍的材料运用及工艺示例

(2) 材料与加工工艺的属性。选择材料与加工工艺时要根据美术设计方案的特点，考虑加工工艺与材料是否匹配。例如，特种纸张的肌理触觉效果不同于一般纸张，纹理粗的特种纸不宜用于网点细密的图像，容易导致图像失真。织物材料纹理也较粗，加工效果精细度不高，因此会导致图像失真。选用织物材料时设计方案不宜过于复杂，一般采用简约的表现风格，可采用凹凸压痕和烫印工艺等。总之，只有熟悉现代各种书籍材料与加工工艺的性能、规格与属性，有针对性地选择材料和工艺，才能充分发挥物质材料和工艺技术的潜力。图 3-34 所示为书籍装帧设计选用的材料及工艺示例。

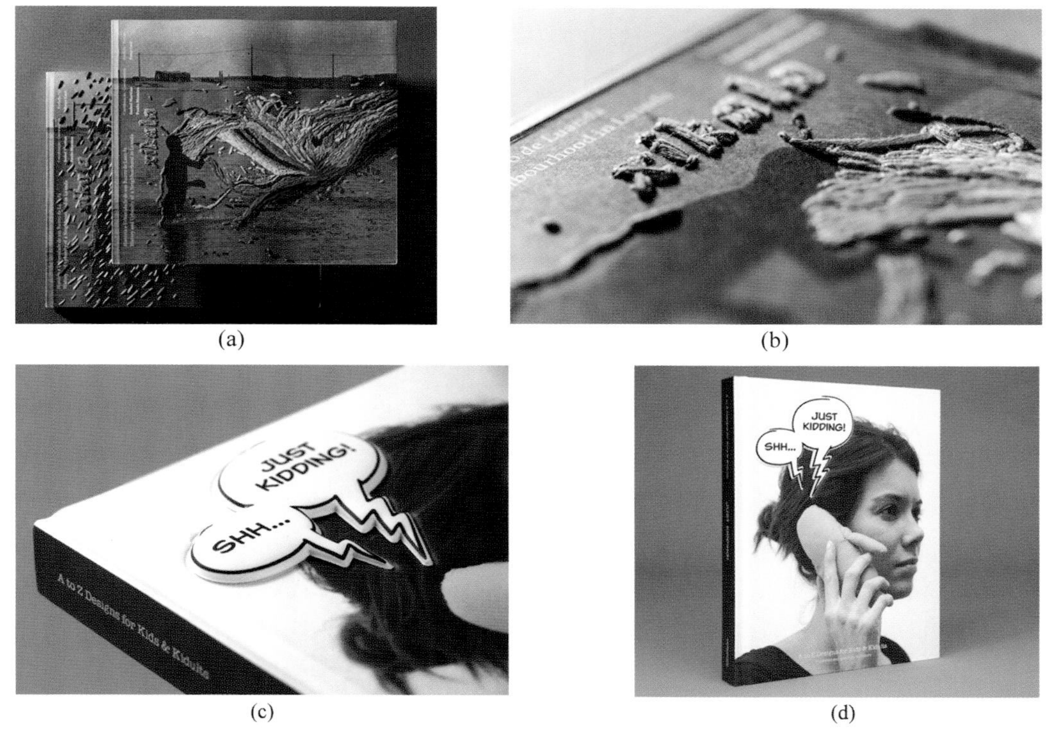

(a)　(b)　(c)　(d)

图 3-34　书籍装帧设计选用的材料及工艺示例

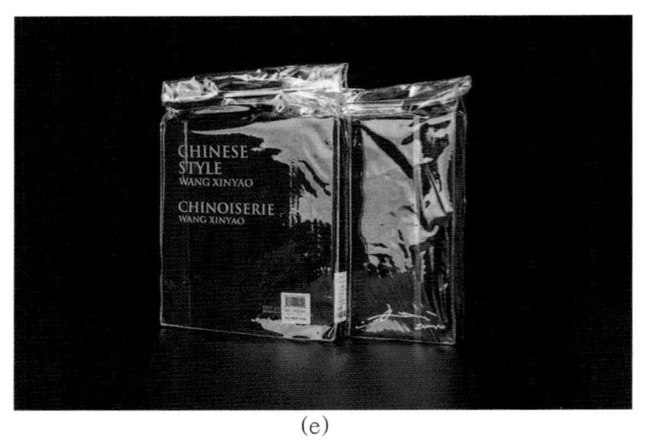

(e)

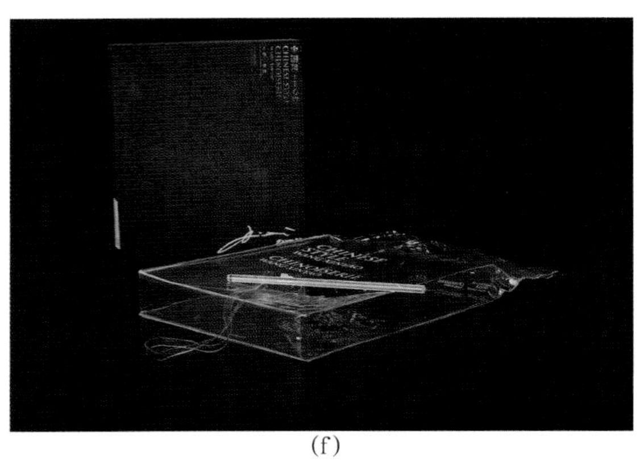
(f)

续图 3-34

(3) 生产成本。特种印刷工艺的价格一般较高,会增加书籍的生产成本,因此,设计方案时对特种材料和工艺的选择适度、运用得当,不仅能提升书的质量品位,增强市场竞争力,还能有效控制书籍的定价。过度使用,不仅会增加成本、造成浪费,而且会减弱书籍的美感。

四、插图设计

插图从广义上讲是指一切给文字的附图,主要用于直观解释文字内容,穿插于文字之中。图 3-35 所示为插图的原始形式,图 3-36 所示为插图的早期形式。

(a)

(b)

图 3-35 插图的原始形式

我国的插图有着悠久的历史。清代的叶德辉在《书林清话》中云:"吾谓古人以图书并称,凡书必有图。"张守义和刘丰杰在《插图艺术欣赏》中对插图作了新的诠释:"书籍的基础是文字,文字是一种信息载体,书籍则是文字的载体,它们共同记录着人类文明的成果,从而传递知识和信息。书籍插图及其他绘画也是一种信息载体,在科学意义上,它和文字一样,都是以光信号的形态作用于知觉和思维,从而产生信息效应的。"

鲁迅的《"连环画"辩护》曾对书籍插图作了这样的论述:"书籍的插图,原意是在装饰书籍,增加读者的兴趣,但那力量,能补足文字之所不及,所以也是一种宣传画。"图 3-37 所示为具有宣传效果的插画示例。

就插图在书籍中的作用而言,我们可以将其分为两大类。一类是知识性插图,这类插图主要是针对内容中的文字做出一种图形化的注释,这类插图要能准确地诠释书籍中的内容和概念,力求以最切实际的图形语言来说明问题。这类插图对艺术性的要求相对较弱,强调客观性和精确性,使读者能更直观地理解知识,达到文字描述所不能达到的效果。由此可见知识性插图主要是用于一些科技性书籍,或者是历史、地理方面的书籍。而

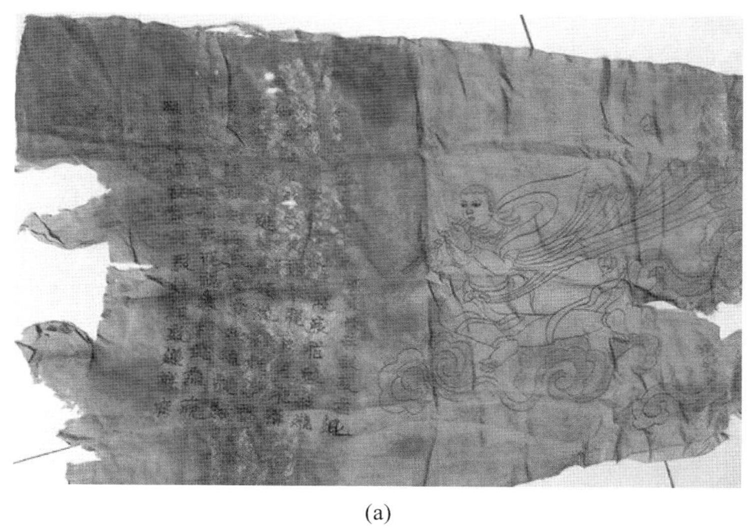
(a)

(b)

图 3-36　插图的早期形式

另一类则是艺术性插图，这类插图重在增加书籍的趣味性和审美性。其特点是在表现形式上有很广泛的选择范围，设计者可以根据书籍的内容和意境选择不同类型的插图形式，主要给读者带来美的享受，因此这一类插图具备更广阔的应用空间。

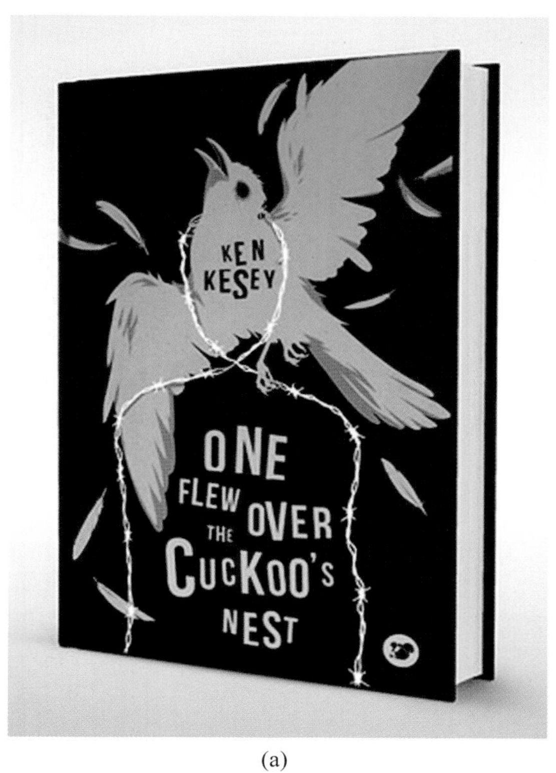

(a)

(b)

图 3-37　具有宣传效应的插画示例

插图的表现技法有很多种，运用不同的颜料、材料、工具和技法会得到不同艺术效果的插图，就会带给人们不同的视觉感受。下面简单地介绍几种颜料、材料、工具和技法在绘制插图中表现出的效果。

1. 铅笔、钢笔、炭笔

铅笔和钢笔是最普通、最容易掌握的绘画工具，主要用来表现一种明暗对比的黑白插图。铅笔还包括彩色铅笔，彩色铅笔又分为水溶性彩色铅笔和非水溶性彩色铅笔两种，其颜色非常丰富，而且色彩比较艳丽，多用彩色铅笔绘制色彩丰富细腻的插图，如图 3-38 所示。炭笔也称炭精棒，具有铅笔的表现特征，多用炭笔绘制画面粗犷大气的插图。

(a)　(b)　(c)　(d)

图 3-38　铅笔及彩色铅笔表现的插图

2. 蜡笔、油画棒

因其材质本身的特性，蜡笔及油画棒所绘制的图画具有粗犷、质朴、童趣的效果。由于其笔触较粗糙，不适合表现过于细腻的画面。图 3-39 所示为用蜡笔及油画棒绘制的插画。

3. 水粉、水彩、记号笔

图 3-40 所示为用水粉及丙烯绘制的插画。图 3-41 所示为记号笔插画。

图 3-39　蜡笔及油画棒表现的插画

(a)

(b)

图 3-40　用水粉及丙烯绘制的插画

图 3-41　记号笔插画

4. 国画

书籍封面以传统国画精品为插图,主题与文字相得益彰,神韵流动,气场强大,能够进一步开阔和生发文字所传达的意义。图 3-42 所示为书籍国画插画。

(a)

(b)

图 3-42 书籍国画插画

5. 版画

图 3-43 所示为版画表现的插画。

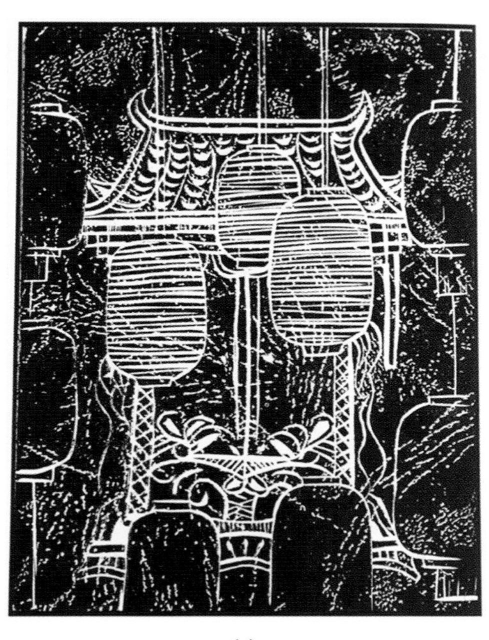

(a)

(b)

图 3-43 版画表现的插画

6. 电脑绘图

图 3-44 所示为使用计算机软件制作的插画。

图 3-44　电脑处理的插画

第四节　概念书籍的创意与设计

近年来，我国书籍装帧事业已经进入了一个全新的境界。随着科技的发展，人们生活方式的改变和生活质量的提高，人们不再满足旧有的书籍装帧样式、形式表现和传统的阅读习惯、携带书籍方式等，对书籍的审美和功能也有了全新的需求，人们渴望看到那些具有创新理念、符合时代精神、有新突破的书籍装帧设计成果。这不得不促使书籍装帧设计者对未来概念性书籍的设计做出新的思考和新的探索，对于书籍装帧设计现状作出相应的改变和突破，从而重塑新形态的书籍。

一、何谓概念书籍

"概念"是反映对象本质属性的思维方式。概念产生于一般规律并以崭新的思维和表现形态体现对象的本质内涵。

概念书籍是基于传统书理念所做的一种探索，它是一种个性化、无定向的创造活动。它的形态不一定是现代流行的纸质书籍，阅读方式不只是简单的看和读，可能还有听、摸、闻、吃，甚至是其他意想不到的感受方式，还可以带给人们各种各样的功能体验。

概念书既然称为概念，就是要有非传统意义上的书籍形式，不被中规中矩的书籍形式、结构抑制了想象力，放飞思维，寻求设计上的差异化，是对传统书籍的形式，如文字、图形、色彩、材质、结构、开本、视觉流程、体量等的继承和创新，是对传统书籍功能的延伸和创造。"书是人类进步的阶梯"，现在这个阶梯变得有趣起来，甚至我们在上面可以玩起游戏来。

二、概念书籍的创意与表现

概念书籍已成为当今书籍装帧界探索的目标之一，概念书籍的设计远远超过人们对书籍的理解和想象，它在阅读方式、携带方式、材料运用与形态塑造上都有着新的探索和新的尝试，它突破原先传统图书的观念，进行大胆创新。

1. 概念书籍新材料

应用于传统书籍装帧的材料大多是相对标准化的各种纸张。人们会被其油墨气味和沙沙作响的声音唤起记忆。但在 21 世纪的今天,人们已不满足这种单一书籍装帧用材了,概念书籍的材料选择十分丰富。它既可以是生产加工的原材料,如金属、石块、木材、皮革、塑料、纸、蜡、玻璃、天然纤维和化学纤维等,也可以是工业生产加工后的成品,如各种印刷品、照片的底片、衣服及各种生活用品等。材料的选择从书籍的内容和思想出发,它是读者与书籍交流的媒介,人们通过触摸、观看引起心理、经验、思维和情感的某种共鸣,多维地体验书籍的内涵。材料的触觉特性本身具有轻与重、软与硬、粗与细、干与湿、有光泽与无光泽、透明与不透明、有纹理与无纹理、冷与暖、疏与密、韧与脆等品格与状态。基于人们的生活经验,我们对粗犷、柔软、温暖的材料有亲近感,心理接受程度高,而对冰冷、刚硬、厚重的人造材料有距离感,例如棉麻布的质感会比丝绸的质感温暖得多,而丝绸又会带给人更精致、柔和的心理感受,利用材料的这些属性来打造书籍的独特气质,让书籍更具有个性的表达。如《黑白猫》的设计,黑猫、白猫,能获取读者喜爱的便是好猫。该作品利用了古代卷轴装对儿童书进行了创新。黑白两色巧妙的搭配很好地区分了书籍的内容。该书籍为纯手工制作,彰显了创作者对材质的理解和巧妙的应用。书籍用形象的外衣进行包裹,深受读者喜爱。图 3-45 和图 3-46 所示为《黑白猫》及万圣节概念书的设计示例。

图 3-45 《黑白猫》布艺书

图 3-46 万圣节概念书设计

2. 概念书籍新造型

概念书籍不受条条框框的制约,在创意上注重纯艺术的探索,这些作品创意大胆,给我们的学习带来很多启示。许多新颖的书籍虽然无法成批发行出版，但这不影响我们对书籍的造型的探索。概念书籍的形态是没有定式的，它可以突破六面体的传统形式，创造出令人耳目一新、独具个性的新形态书籍，如图 3-47 和图 3-48 所示。

图 3-47　平野笃史的异形书籍设计作品

图 3-48　Rachael Ashe 纸艺折叠作品

(1) 可改变书籍的外轮廓线条。如对书籍的外轮廓线条作曲线、弧线、异形线的有序或无序的、渐变或突变的线条变化。

(2) 可在书籍形态内部将某些部位进行各种空缺的处理。

(3) 可将书籍形态的表面局部作凹凸起伏的变化，如图 3-49 所示。

图 3-49　有凹凸起伏的变化内页形态设计

(4)模仿自然物的外形或局部造型,使其变化后显现出趣味性和象征性。

(5)运用各种材料在书籍上做肌理效果,使其在视觉上和触觉上形成新的审美感受。

(6)将书籍的形态做异化的处理,使其形态产生膨胀、萎缩、扭曲与力的牵伸等变化,或将书籍的形态打散重新组合处理,赋予书籍灵活多变的个性特征。

3. 概念书籍新观念

概念书籍的形式是多样的,有时是对书籍结构、材质等方面的创新,有时只是以书籍为原型进行的视觉创作。这些创作者可能是书籍设计师,也可能是跨行业的艺术家或普通的艺术爱好者。他们在书籍这一特殊的载体中融入独立的思考与创作,衍生出一些跨界的设计作品和观念。不同于传统的书籍设计作品,在这些创作中,作者的某种观念是他们表达的重点,书籍的阅读功能也许被弱化,甚至有很多书籍是"不可读"的。在这样的作品中,天马行空的形态创意看起来没有太多的实用价值,而正因为它们脱离了书籍本身功能性的制约,这些创新才更为新颖,而这些新的观念,对现代书籍的设计也有一定程度上的启示意义,如图 3-50 所示。

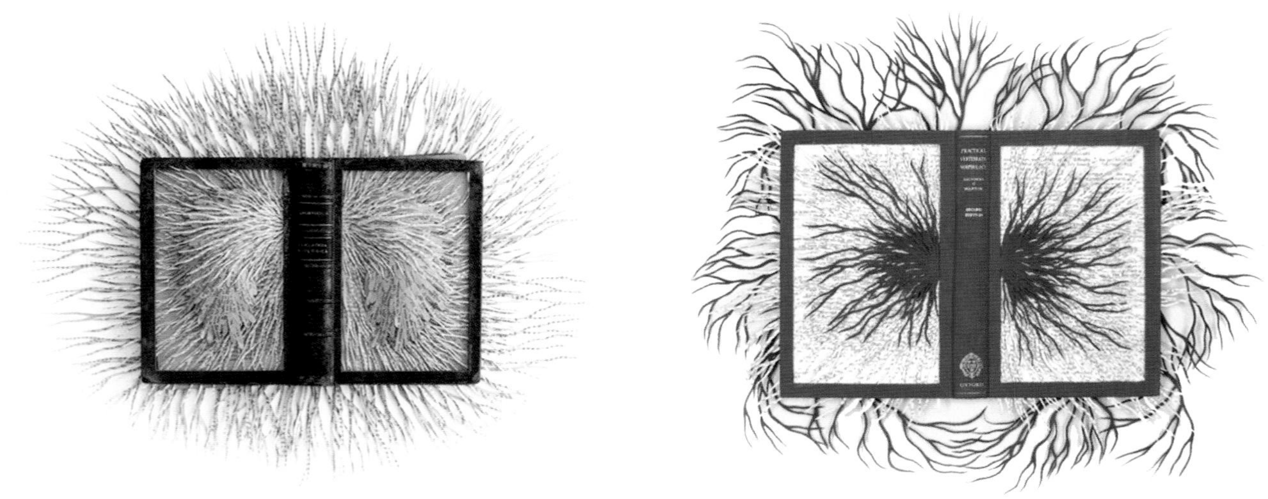

图 3-50　书的神经系统概念书设计

三、概念书籍的国内外发展现状

在我国,概念书还处于一个发展的起步阶段,概念书受到技术、成本等条件的制约,虽不适用于大量发行与制作,但它的探索性、前瞻性、实验性都具有很大的价值。在国外,已经有一些作品跳出了传统书籍的模式,以独特的设计技巧来重塑书籍信息的整合思路,用创造性的书籍表达语言来传达文字作者的思想内涵并体现着非常强烈的个性。

作为书籍形态形式的思考,概念书挑战的是阅读习惯与行为,利用设计技巧让书籍内容与艺术观念产生碰撞。它是设计师在这一领域里思考与进步的表现。

《走,出去玩》概念书(见图 3-51)用了一个很口语化的表达,奠定了这本书轻松的基调。我们看到这本书的整体装帧效果,首先使用的是手工线装的手法,并且在书脊的部分,特意留出了部分红线,为这本书增加手工感,显得十分别致。在整体的结构处理上,这本书把书籍分为几个部分来进行设计,每个部分独立成册,大小尺寸皆不相同,通过书籍标题"走,出去玩"把几个部分又串联起来,从观感、触感上拉开层次,颇有创意。在纸张的选择上看得出也是颇费了一番脑筋,包括硫酸纸、亚光的特种纸的使用。

图 3-51 《走，出去玩》概念书

在内容的编排上，条理清晰而富有独特的图形语言，把图片与几何图形元素结合运用，使画面既有变化，又不会显得过于单调，可读性强。文字的编排方式运用合理，调整大小、色彩、粗细等细节，使版面依照文字的级别而形成自然的视觉秩序，引导视觉流程。这些文字编排的大小变化，也调控了书籍版面的风格，在版面中形成“点、线、面”。

在整本书的风格和元素的运用上，作者也较好地把握了“同中有异，异中求同”的原则，整体性非常强，整本书翻阅下来,风格非常统一。色彩的运用,往往超越了图形与文字,是人们对事物的第一反应。在书籍设计中,色彩也是书籍具有强烈识别特征的视觉要素,作者从封面、标题、小的图形元素中,运用简单的黑白色中穿插小面积的红色作为主题色,很好地延续了整体设计的色调,给人们留下了强烈的第一印象。

“故事的片段”这一系列作品(见图 3-52)体现了设计师对阅读行为的挑战与书籍内容的重新演绎。“如果必须把一本书提炼为一幅景象,它会是什么?”带着这样的一个想法,东京的艺术家和设计师智子武田(Tomoko Takeda)完成了这一系列文学名著到视觉艺术的作品。在这一系列作品中,每个设计都关联到故事本身的内容,在形式上把这些著名的小说变成与艺术相关的视觉作品,“读书还不如‘看书’来得有趣”,通过精心剪裁和折叠书页,将书中的故事用立体的书雕展现,复杂而富有层次感。Takeda 创造了“看而不读的书”,给读者留下了更多的思考。

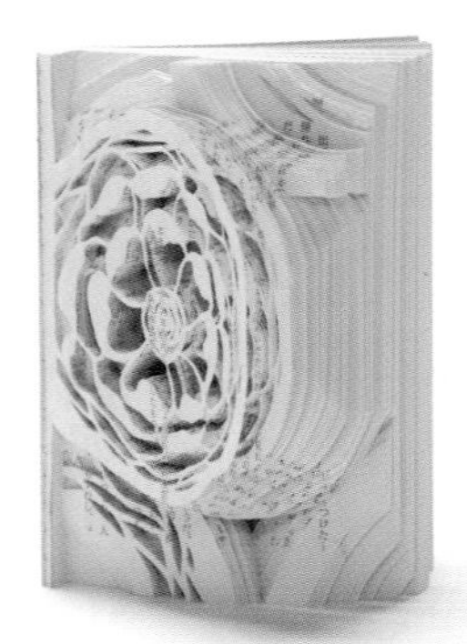

图 3-52 Tomoko Takeda 的纸雕书作品

凤凰品牌纪念立体书(见图 3-53),以立体书这一较为精细的工艺品方式展示其文化性与特质性,以创新的表达方式强化了这一品牌新的目标,即开拓年轻、时尚的消费群体。利用不同的机关和动作与表达的内容进行巧妙结合,是立体视觉与平面视觉的相互转换。在整本书的陈述内容中规划好前奏、高潮和结尾,将立体变化的复杂度与新颖度进行相应匹配,让观者有很好的阅读体验及对内容的全面理解。

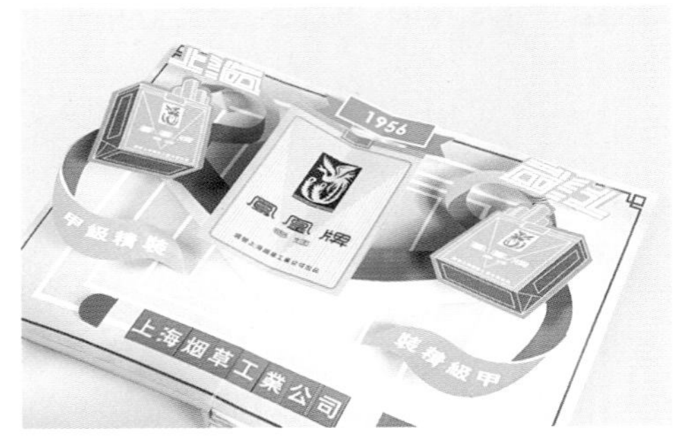

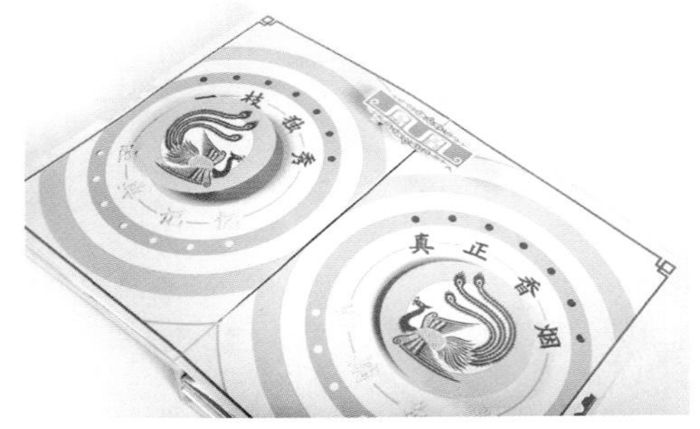

图 3-53 凤凰品牌纪念立体书 Phoenix Pop-up Book

第四章

书籍装帧的设计流程及实例操作

教学目的

通过对书籍装帧整体设计流程的学习，让学生了解书籍装帧设计与制作的全过程，让学生学会如何把书籍装帧设计的构思与创意变成现实。

教学重点

书籍装帧设计的构思与实现。

教学难点

引导学生根据书籍装帧的创意与构思运用计算机操作得以一步步实现。

思考练习

针对自己感兴趣的书籍类型，选择一种书籍类型及主题为其做整体的装帧设计，在完成其定位与构思后运用本章介绍的书籍装帧设计流程进行书籍的装帧设计并制作出来。

第一节　书籍装帧的设计流程

从策划、查找资料、编写到设计、制作、完稿需要经历一系列的过程，这个过程中涉及的每一个环节都会对书籍产生直接影响，所以一本书的完成，是多方面通力合作和众人共同努力实现的。

一、立体的书

纸经过连续叠合，可以呈现为不同厚度的立体物。日本著名设计家杉浦康平先生说，纸拿在手上，把它对折再对折，于是纸被赋予了生气，纸得到了"生命"，马上变成了有存在感的立体物质(图 4-1)。他还说，设计者应将五种感觉的启发运用于书籍装帧设计中，同时加上重量的因素把各种设计元素综合在创意之中。

(a)

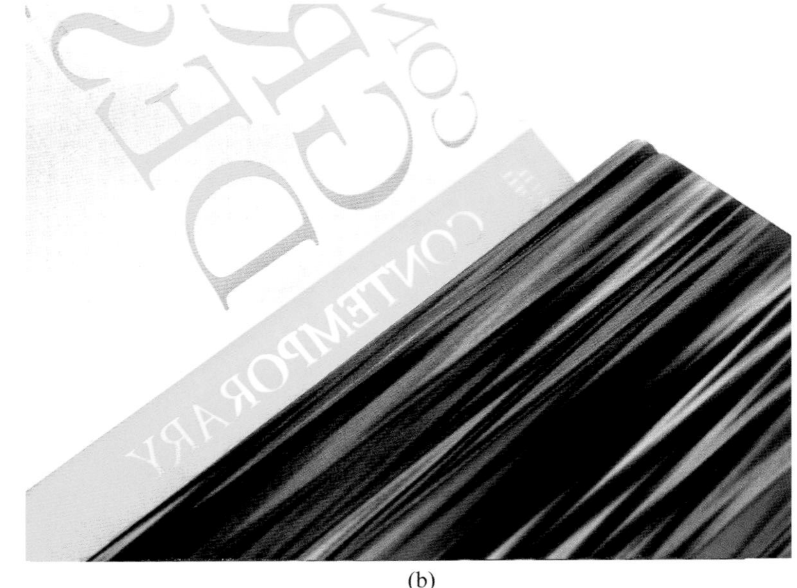

(b)

图 4-1　具有立体感的书籍装帧示例

1. 触觉的把握

纸张的材料和肌理能表现丰富的质感，如图 4-2 所示。将眼睛闭上抚摸纸面，手会有丰富的感觉，纸张会倾诉它内在的“生命”。

(a)

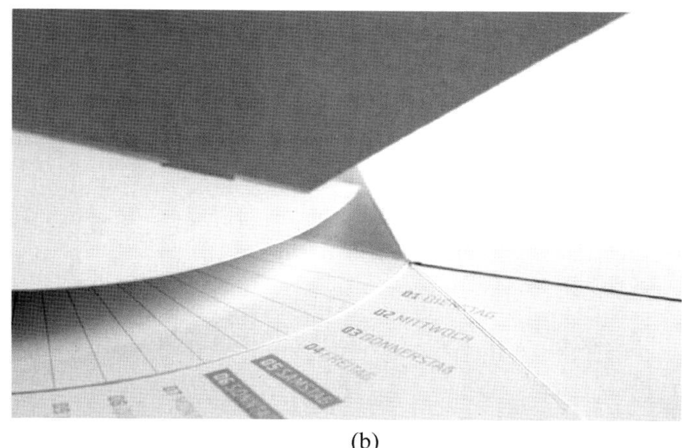

(b)

图 4-2 具有质感的纸张

2. 嗅觉的把握

翻开一本书，纸的味道、油墨的味道会淡淡散发出来。图 4-3 所示为设计作品示例。

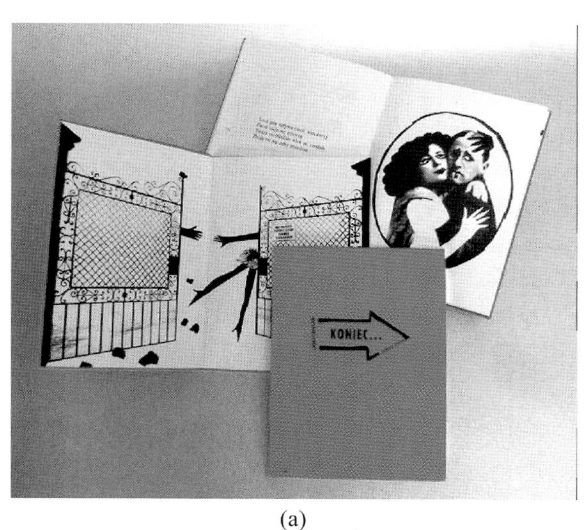

(a)

(b)

图 4-3 波兰女设计师 Elzbieta Chojna 的书籍装帧设计作品

3. 听觉的把握

柔韧或坚挺的纸张所发出的声响使书籍产生时间、空间的多次元的变化。

4. 味觉的把握

植物纤维的纸张会有大自然的清新，如图 4-4 所示。

5. 视觉的把握

书籍是用眼睛看的，从封面至内文的视觉节奏使书籍衍化出另一种特质，如图 4-5 和图 4-6 所示。

(a)

(b)

图 4-4　植物纤维的纸张

(a)

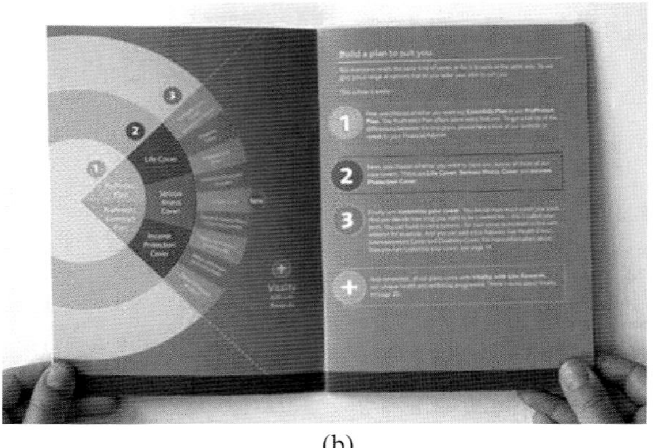

(b)

图 4-5　用明快鲜艳的色彩给人愉悦的感受

(a)

(b)

图 4-6　从封面至内文色彩运用的衔接与呼应

6. 重量的把握

在书籍设计的过程中，设计者要采用立体的视角去精妙构思。对护封、封面、前后环衬、扉页、目录、内文等横向流动的信息空间的配置和设计均要细心考虑。

另外，对书籍内容所对应的材质及针对该材质的印刷技术、装订形式等也要严加把握，这才是设计一本立体的书所应该采取的设计态度，如图 4-7 所示。

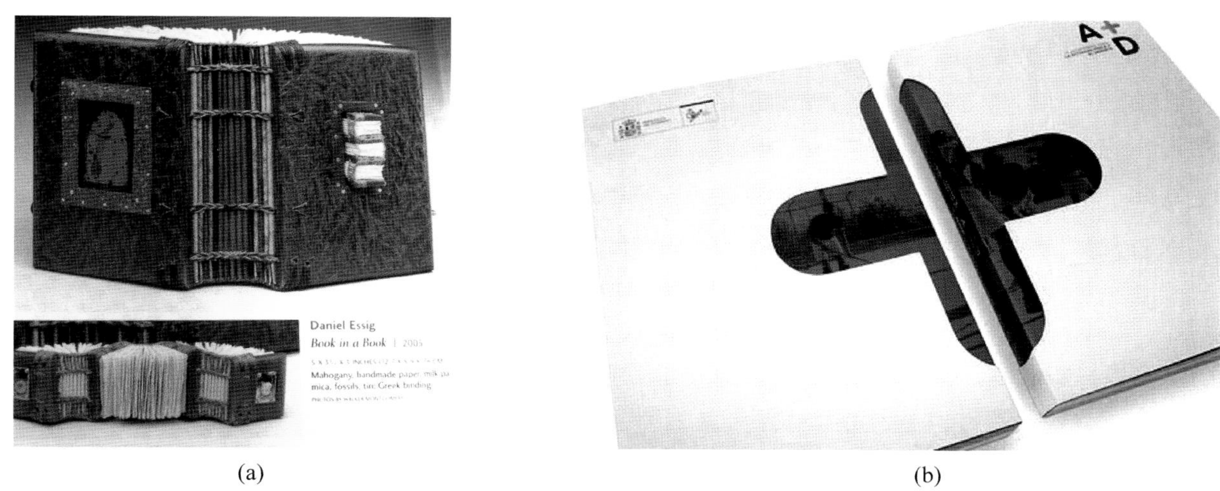

(a) (b)

图 4-7 具有重量感及形式感的书籍设计作品

二、与作者、编辑交流

在开始对书籍进行设计之前，设计者一般会接到一张设计通知单，上面有书名(丛书名)、作者姓名、内容简介、开本、内文字数、设计形式(精装或平装)等信息。仅从这张设计通知单上，设计者得到的信息很少，尤其是缺少强烈的刺激信号，很难有创意。这时设计者必须要见编辑，还可见作者本人，和他们展开全方位的交谈。

编辑最了解这本书，从选题策划到请作者撰写，往往花费了大量的时间，并且在编辑加工这本书的过程中已通读数遍。如果设计者还能和作者见面交流更好，这样设计者可以从多个侧面和编辑、作者详细沟通对这本书稿的看法，设计者要从以下几个方面切入。

1. 书名的来源

书名其实就是本书信息的核心，因为书名是浓缩书稿内容的中心符号，也是书稿定位的标准。书名在封面设计中的作用最重要，应作为第一元素来考虑，封面的用色和构图都应服从书名，如图 4-8 所示。

2. 信息要点

与书稿编辑交谈，在繁杂的信息中捕捉到可以开拓设计思路的信息点是至关重要的。在和书稿编辑、作者的交流中，有很多的信息会引起设计者注意，这时就要反复去询问，记下来以备参考。

3. 作者的气质

从某种程度上说，作者的气质代表着作品的气质。作者是机智的、儒雅的或是沉稳的，均会深刻影响对事情的阐述风格与作品的气质，正所谓文如其人。

4. 书稿的内容

书稿内容包罗万象，有哲学的、经济的、政治的、社会的、科学的、艺术的、农业的、生态的等。编辑和作者讲述这部书稿时，设计者相当于是在快速阅读这部书稿，重要的论点、章节是哪些，要反映什么，书稿的内容归类于哪个学科，这个学科的性质如何，设计者都要从他们的叙述中很透彻地了解。

(a)

(b)

图 4-8　封面的设计及构图都服从于书名

5. 书稿的特色

在与编辑和作者的交谈中,设计者要确定该书的核心部分是什么,在什么年代,以什么为背景,作者想要表达什么,在同类书中这本书的最大特色是什么。设计时必须缩小搜索范围,确定几个乃至到最后只留下一个关键词语作为视觉表现的突破点。

6. 阅读书稿

设计者通过交流掌握了信息的广度,还可以通过阅读加深对信息理解的深度,此时设计者才能知道如何准确地编织信息,如何让信息通过顺畅的编排无阻碍地传递出去。

三、收集素材

开始设计时,素材的收集很重要。素材的内容包括设计者在日常生活中积累的形象记忆及各类图形素材。各类丰富的图形素材是设计者顺利工作的有力支持。图形素材的收集需要长期的积累,平时可以分成几大类进行有意识的收集,如人文类、科学类、艺术类、体育类、传统类、风光类、肌理类、图形符号类等。现代素材光盘有很多种类,可以方便使用,但是这对于设计者来说是远远不够的。作为一个有心的设计者,要时刻留心收集身边的各种图形素材,尤其是收集具有创造性的图形素材,如图 4-9 所示。

四、勾画草图

勾画草图是在充分收集了素材、信息后而产生的创作激情,设计者在快速勾画中找出一种设计感觉和状态,在勾画中寻找图形和文字之间各种搭配形式和大小比例,最终找到最佳的构思方案,如图 4-10 所示。

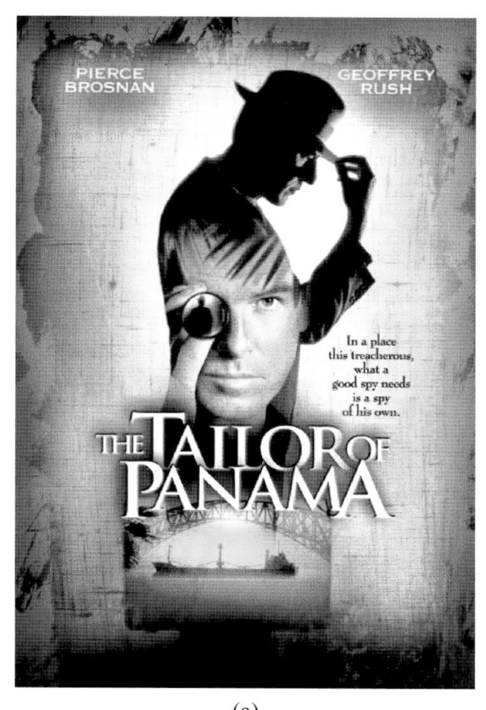

(a)

(b)

图 4-9　具有创造性的图形素材示例

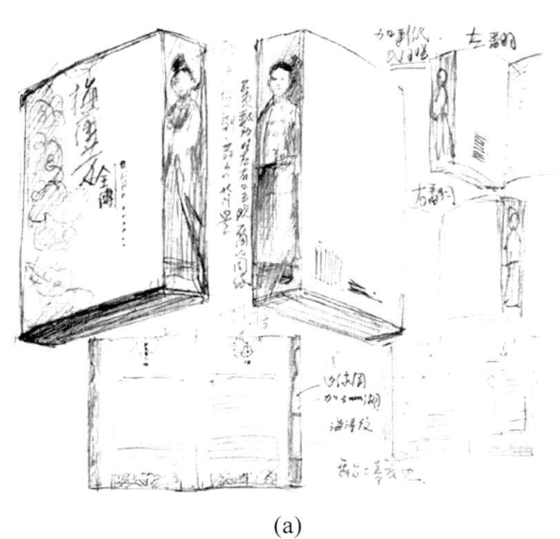

(a)

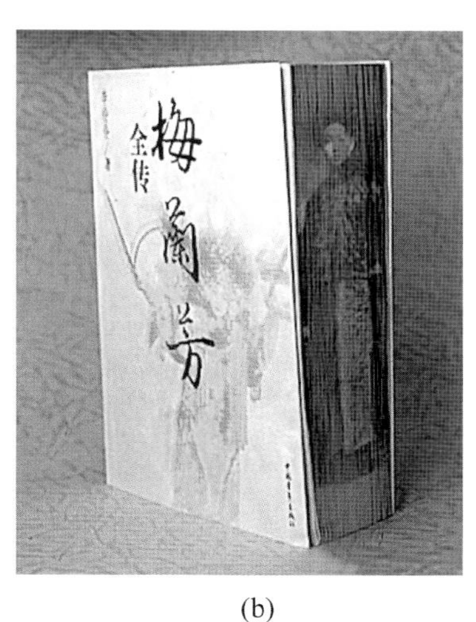

(b)

图 4-10　完善的装帧设计草图及书籍装帧设计完成效果

五、计算机辅助设计

设计草图勾画完毕后，下一步将进入计算机实际制作阶段。在勾画草图的过程中，设计者对选中方案的造型、色彩、画面结构等要素有了基本的认识。此时计算机设计制作不仅仅是一个完成创意的过程，更是一种进一步完善和丰富设计的方式。

要使用计算机制作，设计者必须对设计软件有基本认识，所谓“工欲善其事，必先利其器”，只有了解设计软件的性能特点才能掌握其使用规律，才能很好地使用计算机完成创意构思。

六、确定设计方案

一般客户会要求设计者拿出2～3个设计方案。设计方案通过计算机设计出逼真的视觉效果,每个方案都体现了设计者对书稿不同角度的思考。使用不同的素材,方案会产生不同的艺术效果,如图4-11所示。虽然不同的方案视觉效果都有独特之处,但只能从中选择一个方案正式采用。没被采用的方案不妨收藏起来,留待以后去参考,同时也可以作为设计者的设计档案。

(a) (b)

图4-11 《沉没之鱼》计算机设计的两个方案的效果图

七、制版打样

印刷前的制版打样是验证设计作品最后视觉效果的重要过程。样稿效果与设计者的预想效果如果有小的出入,设计者要指导印刷厂做修改才能补救、还原良好的视觉效果。这一环节非常重要,需要设计者有较丰富的印刷知识。另外,打样的纸材最好和将来大批量印刷的纸材相同,这样才能使设计者把握住未来成品的视觉效果,从而保证书籍的整体质量。检查制版打样时应注意以下问题。

(1) 对设计品中的所有文字要按设计通知单再重新核校一遍,做到准确无误。

(2) 检查视觉效果是否完美。

(3) 检查各种色彩之间套版是否正确。

(4) 检查图形色彩还原效果,是否偏色。

(5) 检查有没有残缺字体。

(6) 检查纸与墨是否完美融合。

以上问题在制版打样中若没有出现,由出版社印刷部门和设计者共同签字后即可开始正式印刷。作为书籍装帧设计者,一直要跟踪到印刷的最后一道工序。

第二节　书籍装帧设计实例

前面讲解了书籍装帧设计必须了解的理论知识和设计方法,下面将展示一个典型的书籍装帧设计案例,让设计者了解书籍装帧设计的构思与制作过程,帮助设计者拓宽思路,把创意变为现实。

一、接受命题题目

命题要求：为自己设计一套书籍，共两本，可以从自己的成长经历及学习经历入手。

设计要求：整套书应体现自己的设计风格，同时也要符合现代人的审美习惯。要求图文并茂、系列感强且个性鲜明，材质不限，装帧形式不限，可在定价范围内做适当的创新设计。

二、总体设计步骤

有计划地安排设计工作是每个设计者在接受设计命题后应最先明确的任务，即总体安排设计步骤，合理调配素材和时间，从而达到事半功倍的效果。

在本套书设计工作开展前，还需做好市场调查，获得准确的第一手资料，为后面的设计打下良好的基础。本套书的设计制作工作步骤如下。

1. 草图阶段

明确设计思路，确定需要设计的内容，紧扣主题绘制简单明了的设计草图。作为学习设计的学生平时就应该多练习手绘草图，为将来更快速地记录和表达思维做准备。

2. 素材准备阶段

根据草图收集相关文字和图片素材，即设计书的封面和内容时所需要的文字、图片等。

3. 计算机加工制作阶段

要求选择合适的软件，依据草图和素材，制作电子文件。

4. 修改打印阶段

修改电子文件，并根据具体印刷厂家印前的要求，调整文件，以保证能最好地还原效果。

三、草图设计阶段

1. 明确设计思路

书籍装帧设计的目的是以艺术的手法明确地展现书籍主题，其作用就是在第一时间打动读者，促进销售。因此设计者应先明确该书特点和要求，然后逐一解决设计问题。

该书内容：个人传记类书籍，以介绍人物和凸显自我风格为主，这就要求正文版式有鲜明的设计特点，因此风格化排版成为首选。

该书特点：系列书籍，要求整体感强，因此每本书的封面设计需要有对应书名的成系列的图形及版式支撑。

鉴于以上分析，本书设计者将封面设计作为重点，并选择了符合书籍内容的抽象素材，设计通过抽象几何图形和文字的排版活跃气氛，同时需要特别注意字体大小的排列和图形的疏密的关系。到此，就可以着手绘制草图了。

2. 确定需要设计的内容

根据设计命题和要求，该书的设计者决定采用图形和色彩作为该书装帧设计的重要元素，直观地体现个人风格特点，以便于读者（使用者）查找并获得他们的喜爱。

色彩上追求跳跃鲜明的色彩，既有很强的视觉冲击力，又不失现代的简洁雅致。还需要考虑开本、封面、封底、书脊、环衬、扉页和页面版式具体如何设计。

首先是书的开本。一般的书开本会依据节约纸张的原则设计为 32 开、16 开、8 开等形式，但是考虑到这是个人传记类书，设计者选择了正方形的特殊开本做设计，决定采用 180 cm×180 cm 的尺寸。

其次是封面、封底和书脊。确定主要元素，包括作者的名字和书名、编辑名、出版社名、封面的图形、封底的版本说明、价格和相关信息，再根据确定好的设计风格做准备。

然后是环衬、扉页和页面版式设计。

3. 开始绘制草图

绘制封面的草图。此步须确定出文字和图形的构图位置,简单勾勒出主题图形形式以作为下一步收集素材的依据,如图 4-12 所示。

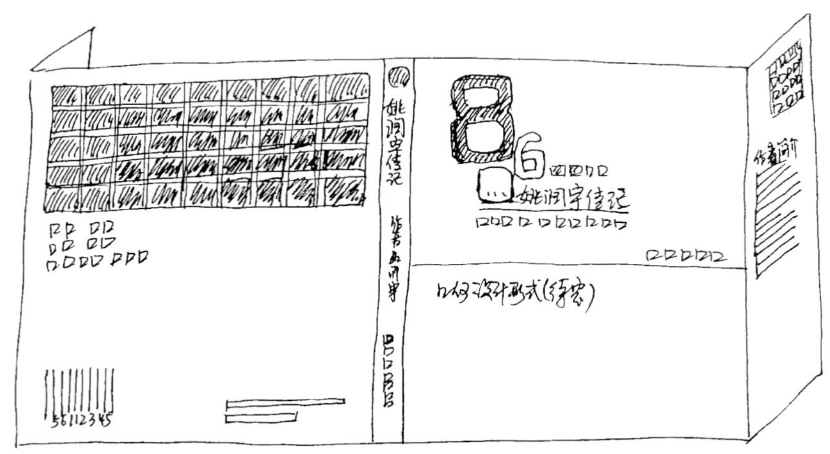

图 4-12　封面草图方案

四、素材准备阶段

根据草图和图形选择的要求,设计者从提供的素材光盘和相关书籍中收集拍摄了一些素材。

五、计算机设计制作阶段

如图 4-13 所示,开本为 180 cm×180 cm,书的厚度是 1.0 cm,设计者选择了 CorelDraw 为制作软件,设置好页面大小和辅助线,便开始制作了。

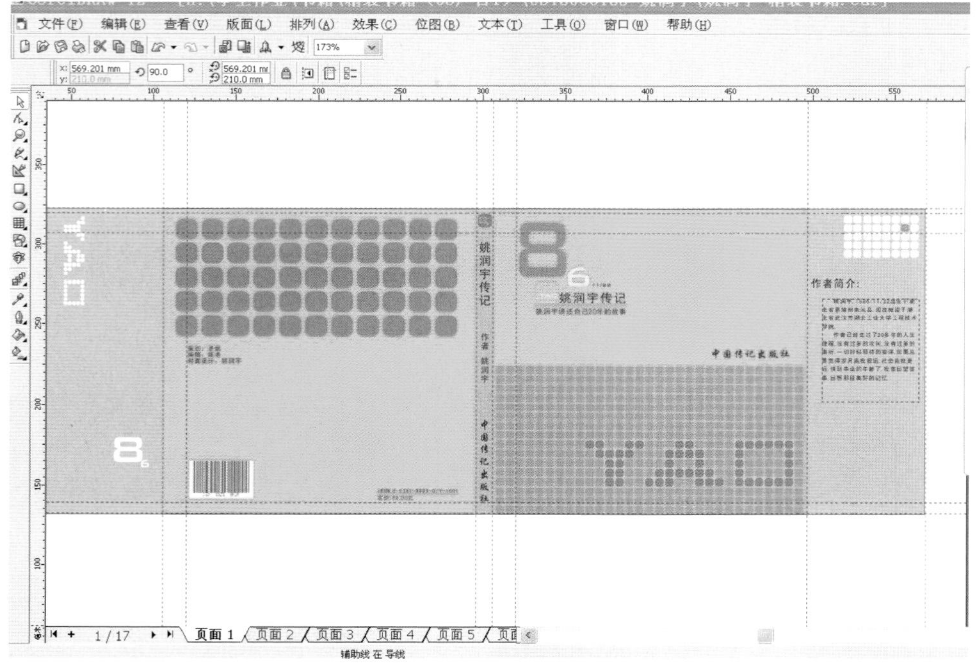

图 4-13　封面一的计算机设计制作

1. 系列书籍封面、封底、书脊效果

该书设计者主要采用鲜明的色彩和个性的图形来传达书中的内容。同时，为了避免正方形开本易显得呆板的情况，设计者在图形选取和版式排列上做了精心的处理。图形的大小对比、文字的疏密安排，都为封面增添了不少光彩，如图 4-14 所示。

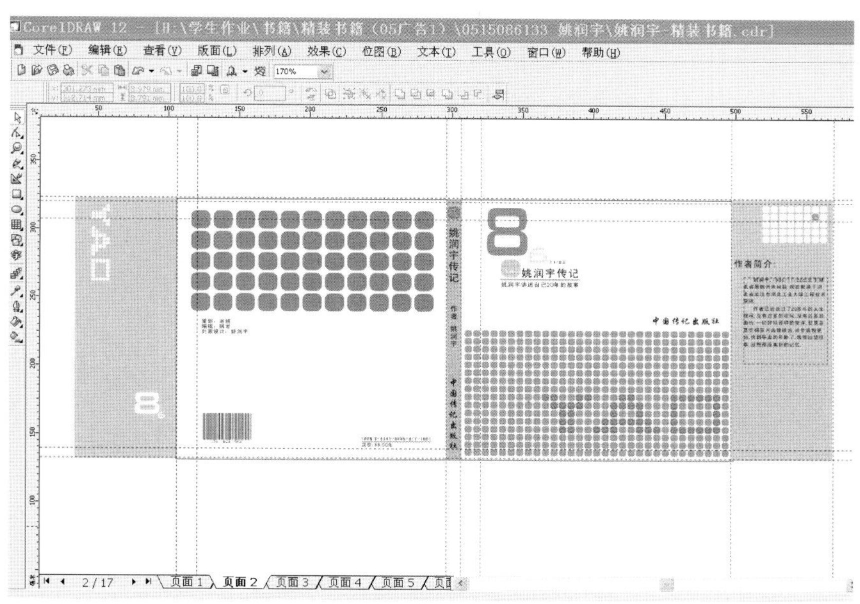

图 4-14 封面二的计算机设计制作

2. 系列书籍扉页和前言页设计

扉页的设计大胆地采用留白的效果，只有少许的文字装饰和一两排文字，给人以无限的遐想，如图 4-15 所示。图 4-16 所示为前言页的计算机加工制作。

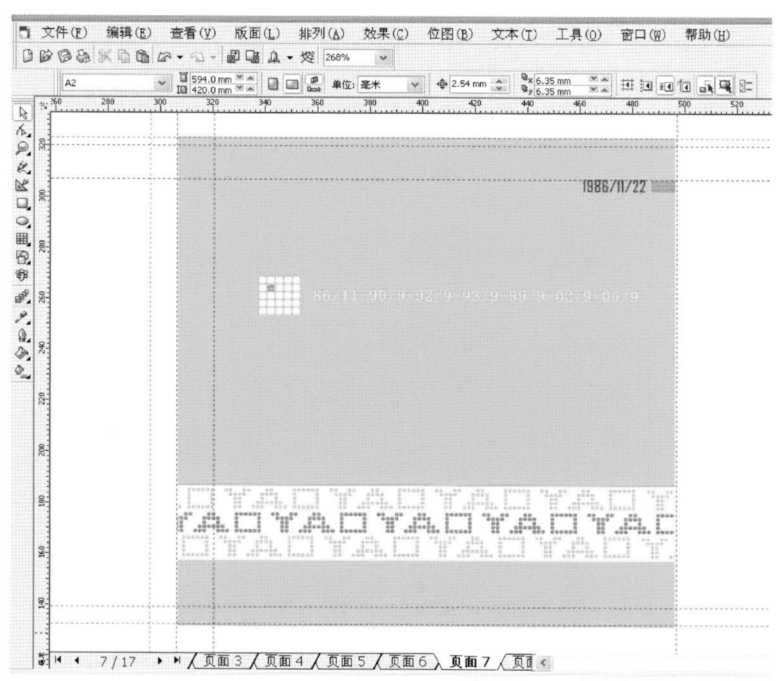

图 4-15 扉页的计算机设计制作

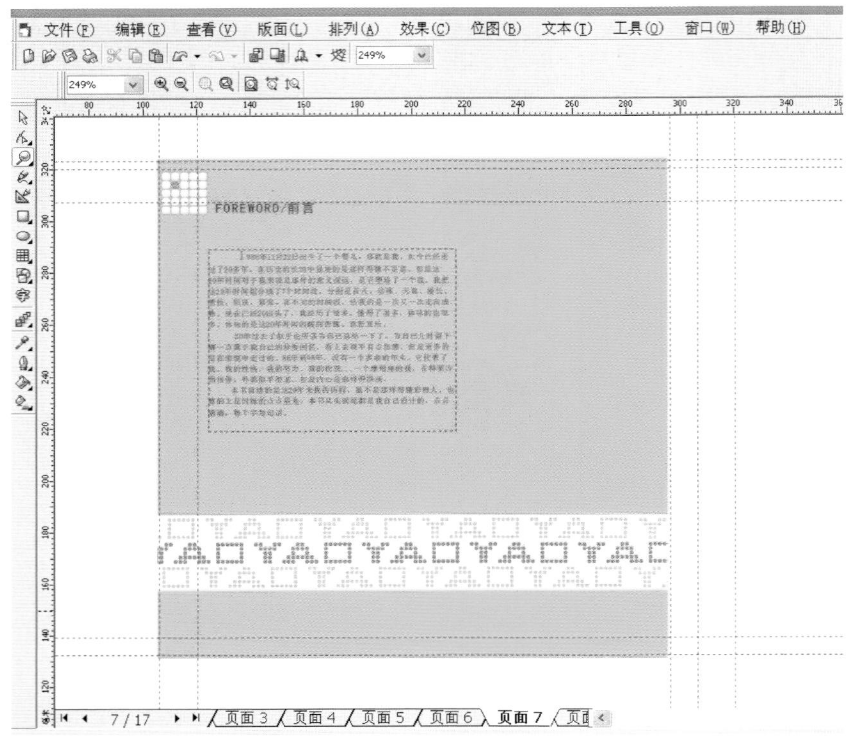

图 4-16 前言页的计算机设计制作

3. 系列丛书内页和书签设计

设计者将图文清晰分隔开，以便读者查找相关资料。排版的时候注意了文字的大小和版面的规划。如图 4-17 所示，内页的标题采用大字号或者添加底色块来突出，正文采用 8 号或者 9 号字，宋体。图 4-18 所示为书签的计算机加工制作。

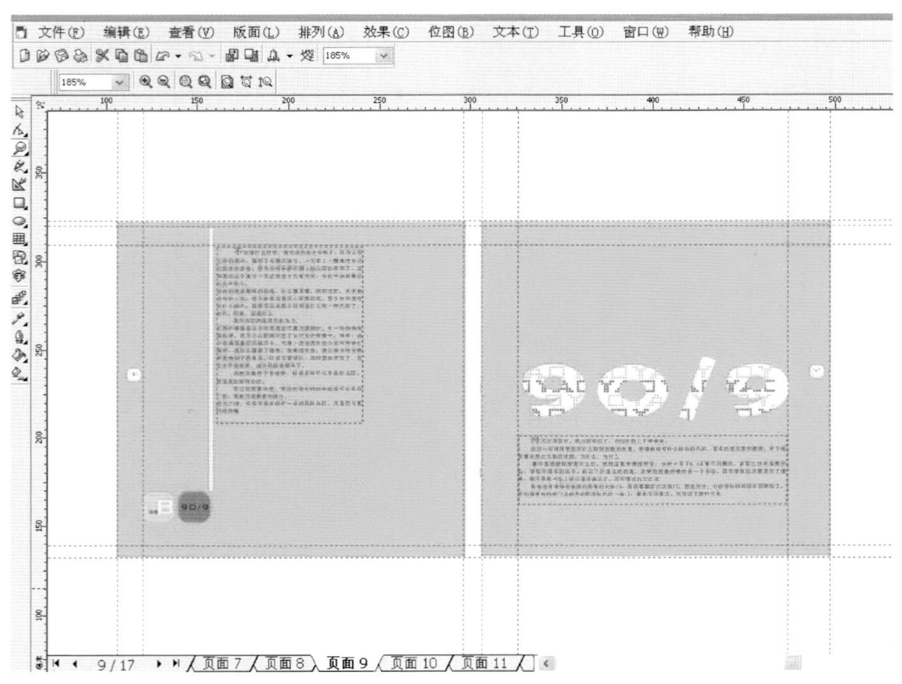

图 4-17 书籍内页的计算机设计制作

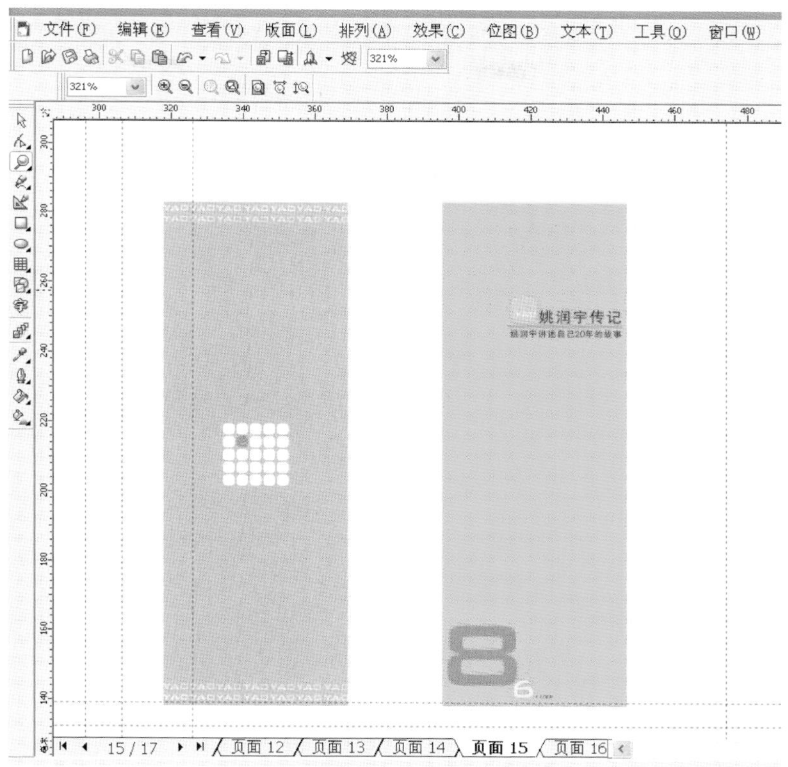

图 4-18　书签的计算机设计制作

六、修改文件为样稿输出做准备

制作电子文件的时候，要注意为样稿输出做如下准备。

(1) 输出文件的尺寸大小最好比纸张略小。

(2) 排版时要注意前后的页码，并注意留出装订线的位置，以免文字被装订在装订线内，破坏书的效果。

(3) 在计算机中预览色彩和实际打印出来的色彩或多或少有偏差，因此尽量对照色标进行颜色的校正，同时调整图像的颜色品质，如图 4-19 所示。

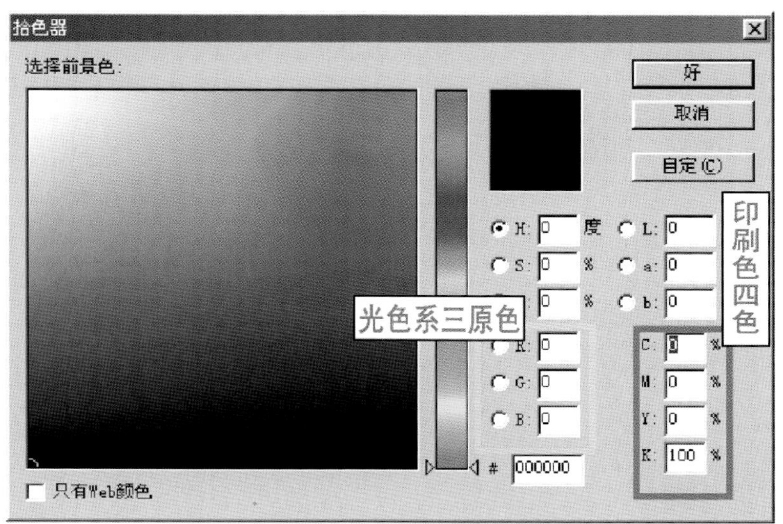

图 4-19　颜色的设置

(4) 在本例中,书的封面和排版是在 CorelDraw 中制作的,因此打印之前一定要将文字转化为曲线,避免出现缺字、漏字或者打印不全的现象。

七、完稿

将电子文件输出为成品,观察颜色,仔细校正,最后定稿、印刷。图 4-20 所示为效果图。

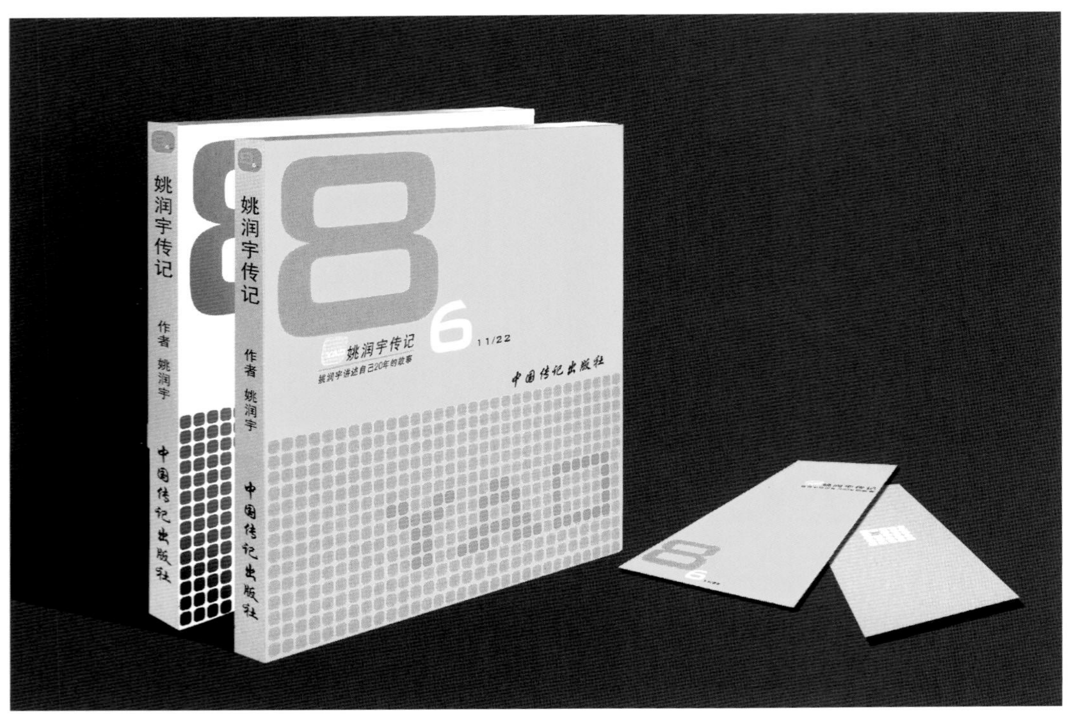

图 4-20　计算机设计制作的效果图

第五章

书籍的创意编排

教学目的

通过对书籍版面编排构成要素的学习,让学生能运用版面编排的理论知识对不同形式的书籍内容进行有创意的编排设计。

教学重点

了解书籍版面编排的构成要素,掌握文字版式、图片版式、图文结合版式的创意编排方法,并且能在书籍设计实践中熟练地综合运用它们。

教学难点

针对不同的书籍内容选用相应的书籍创意编排设计形式。

思考练习

观察分析各类书籍的创意编排设计形式,用相关的书籍内容进行文字版式、图片版式、图文结合版式的编排练习,将设计稿打印出来并进行小组讨论与分析。

第一节　书籍创意编排设计概述

书籍的创意编排设计是指在既定开本的基础上,对书籍原稿的结构、层次、插图等方面做艺术、合理的处理,使书籍各个部分协调、舒适、美观、便于阅读的创作过程。

一、书籍创意编排设计的范畴

书籍创意编排设计包括版心、上白边、下白边和内、外白边的设计。版心也俗称版口,是指书籍翻开后两页成对的双页上被印刷的面积。版心的四周都留有空白,版心上面的空白叫上白边,也叫天头;下面的空白叫下白边,也叫地脚;靠近书口的空白叫外白边,靠近订口的空白叫内白边。白边有便于阅读、稳定视线的作用。

版心的设计取决于所选书籍的开本、书籍的性质,另外还要求方便阅读和节约纸张。四周的边框留得过大,版心就相对缩小,字容量也就减少;四周边框留得过少,会显得局促和小气,有损美观的同时也容易造成装订事故。

一般来说,理论书籍的白边可留得大些,便于批注与阅读。科技书籍出版量小,成本高,白边相对留得小一些。字典、资料性的小册子要尽量利用纸张,白边也要留少一些,但最少也应有 10 mm。其他种类的书籍可根据内容和作者意图来设计版心。书籍设计中的版心与页边示例如图 5-1 所示。

二、书籍创意编排设计的作用

1. 为了方便读者了解情况的阅读

很多书籍有时不是用来反复阅读的,而只需了解某一情况的阅读,即从中获得一些信息,而不是仔细读。如技术方面的书籍,内容较多,所以版式设计要求富于变化,多数情况下被设计成两栏或多栏,字行较短,标题清楚醒目,人们可以小块地阅读,这也是版式设计的一种形式。此外,像字典、词典之类的工具书多采用这种版式设计的形式。

2. 为了方便读者有区别的阅读

在文字的排列中有多种方法可以使文字醒目,每一种方法都有不同的意图,哪一种方法都不能说是最好的,只能是具体情况具体分析。这种有区别的阅读方式的版式设计多用于科学书籍、图书目录、历史修订版本、自然科学书籍等,在每个不同的专业中对于不同的概念和文字的层次又有不同的区别规定和习惯,版式设计中

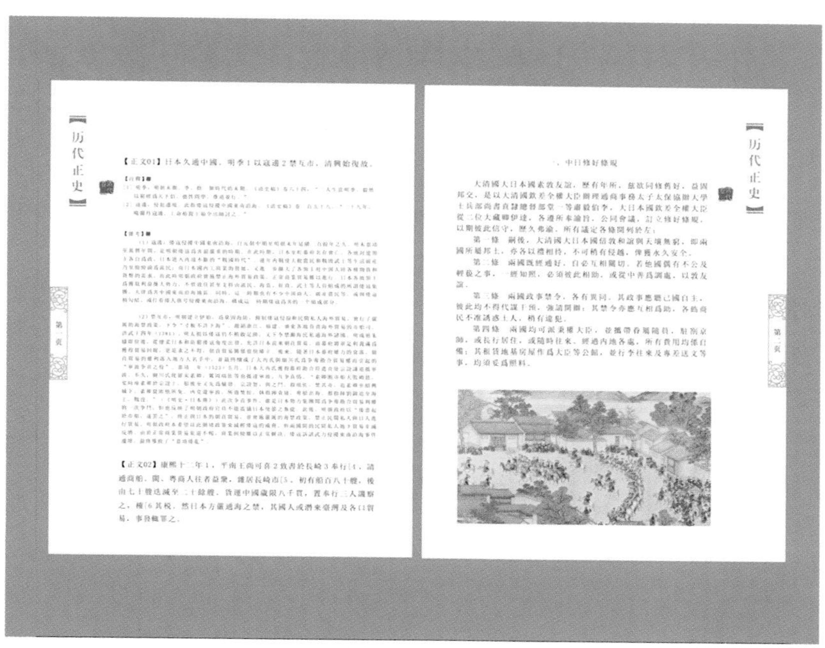
历代正史

一、中日修好條規

大清國大日本國素敦友誼，歷有年所，茲欲同修舊好，益固邦交，是以大清國欽差全權大臣辦理通商事務太子太保協辦大學士兵部尚書直隸總督部堂一等肅毅伯李，大日本國欽差全權大臣從二位大藏卿伊達，各遵所奉諭旨，公同會議，訂立修好條規，以期彼此信守，歷久弗渝。所有議定各條開列於左：

第一條　嗣後，大清國大日本國倍敦和誼與天壤無窮，即兩國所屬邦土，亦各以禮相待，不可稍有侵越，俾獲永久安全。

第二條　兩國既經通好，自必互相關切。若他國偶有不公及輕藐之事，一經知照，必須彼此相助，或從中善為調處，以敦友誼。

第三條　兩國政事禁令，各有異同，其政事應聽己國自主，彼此均不得代謀干預，強請開辦；其禁令亦應互相為助，各飭商民不准誘惑土人，稍有違犯。

第四條　兩國均可派秉權大臣，並攜帶眷屬隨員，駐紮京師，或長行居住，或隨時往來，經過內地各處，所有費用均係自備；其租賃地基房屋作為大臣等公館，並行李往來及專差送文等事，均須妥為照料。

第二頁

图 5-1　书籍设计中的版心与页边示例

就要考虑到专业的不同情况，阅读这种书籍的人群一般是从事相关职业的读者。

3. 为了方便读者可咨询的阅读

对于可咨询阅读的书籍首先要一目了然，比如词语、指示参看的数码等，必须很快就能找到，找到词语、数码的同时，往往也开始了内容的阅读。例如，旅游手册、剧院演出节目手册等。

4. 为了方便读者有选择的阅读

这种有选择的阅读，一般是教科书的阅读方法。教科书的文字部分，例如，举例、提问、习题、表格说明等，必须有所“选择”，确切地说，不是按常规秩序，而是根据版式设计使用较强的编排材料，各种各样的字体、字体的大小和粗细、各种色彩、彩色底纹、线等，利用这一切组成活跃的版式，让阅读者不觉得乏味，在版式设计中属于比较难的设计。

5. 为了方便读者休闲式的阅读

这种阅读通常是在有一点空闲时间时的阅读方式。比如采用漫画的形式或漫画插图的形式，现在很多书籍都采用这种方式编排，让读者在繁忙的工作中获得知识，并享受幽默漫画带来的乐趣。这种版式设计要求根据书籍的阅读人群来考虑插图与文字的面积比例关系。这类书籍一般是以一种黑白方式出现的，当然也有彩色漫画书的优秀例子。

三、书籍的版式设计

书籍的版式是通过对文字的排列、字体的选择、图像的编排来统一设计的。设计者的任务就是通过设计给予读者一种完美的视觉享受和精神愉悦。其目的是使书籍的内容章节分明，层次清楚，并富有美感。书籍的版式设计是书籍设计中比较重要的组成部分。

书籍的封面是版式设计的核心部分，它直接体现书籍的主题精神。但是，书籍内页的版式设计也是不容忽视的。

这里讲解一下比较特殊的书籍形式。

1. 杂志的版式设计

杂志与其他书籍相比较，出版速度快，传递速度快，周期短。杂志的开本一般为大 16 开、16 开、24 开、32 开等。一般采用平装封面。

内容方面包括时尚、设计、绘画、音乐、文学、摄影、体育、时事、电脑、经济、妇女、家庭、保健、各个领域的学术期刊等。

周期方面有季刊、双月刊、月刊、半月刊、周刊。

杂志的内容通常较多较杂,每篇文章可以是各不相干的,这样就给设计者带来了施展设计才能的机会,可以运用不同的装饰手法去设计每一篇文章。但是要注意的是:栏、行的划分要统一在一种风格中,以便读者阅读起来方便、顺畅,让杂志有一个整体的风格。

2. 画册、摄影集的版式设计

画册、摄影集与杂志和一般书籍比较起来更具有收藏价值,版式设计方面应该更精美。

以上两种版式在设计过程中要考虑到:

(1)设计封面时,要考虑到封底、书脊、勒口、内页中的图形。

(2)左右两页要同时设计,因为读者在翻阅时,左右两页会形成一个视觉空间,所以可以打破中缝的界限,使两页版面变成一页来设计。

(3)页码和小标题可以当成图形来处理。

杂志、画册与摄影集版式编排设计案例如图 5-2 所示。

(a)

(b)

图 5-2 杂志、画册与摄影集版式编排设计案例

(c)

(d)

续图 5-2

四、书籍创意编排设计的定位

书籍、杂志、画册是商品流通领域中的一部分，现在的书市竞争很激烈，各个出版社为了适应市场，都推出了有特色的产品。书籍设计定位已经成为书籍销售的重点。

书籍的版式设计的定位，是针对读者（特定的消费者）而设定的，它与其他的商品有以下不同之处：

(1)有广告性又有书卷气。

(2)有强烈的视觉效果又有与书籍内容相符合的形式和精神。

(3)能捧在手上细细品味。

(4)读者的定位与消费者的定位有所不同。

第二节　版面编排的构成要素

书籍的页面版式设计合理，能减轻读者的阅读压力，提高书籍的可读性和趣味性，是构成书籍风格的基本

要素。书籍的版面设计主要是在既定的版面上,在书籍内容的体裁、结构、层次、插图等方面,经过合理的处理,使书籍的开本、封面、装订形式取得协调,令读者阅读起来清晰流畅,在版面中营造一种温馨的阅读气氛。版式设计的好坏直接影响到读者的兴趣,它是书籍设计的重要内容之一。

版式设计涉及的内容主要包括版心的大小、文字排列的顺序、字体、字号、字距、行距、段距、版面的布局和装饰。

一、构成版面基调的版心设计

版面上容纳文字及图画的部分称为版心。版心在版面上的比例、大小及位置,与书的阅读效果和版式的美感有着密切关系。

版心与四周边口按比例构成,一般是地脚大于天头,切口大于订口。偏小的版心,容纳字的数量较少,页数随之增加。偏大的版心四周空间小,损害版面美感,影响阅读速度,容易使读者阅读起来有局促感。

19 世纪末 20 世纪初,欧洲装帧艺术家约翰・契肖特对中世纪《圣经》做了大量研究,认为比例 2 : 3 是版心最美的比例。版心的高度等于开本的宽度,且四边空白左、上、右、下的比例为 2 : 3 : 4 : 6 最为适合,如图 5-3 所示。从版面整体效果来看,留出四周足够的空白,易引起读者对版心文字部分的注视,同时也给读者愉悦的阅读感觉。

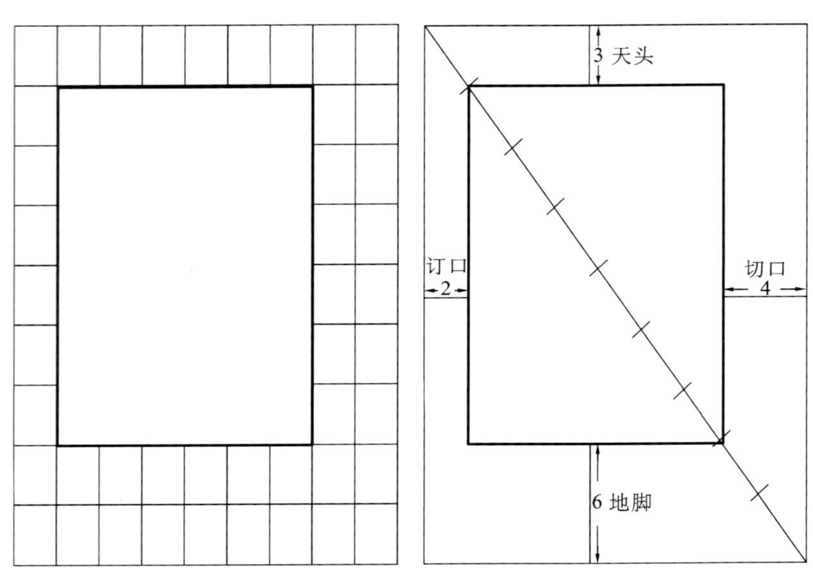

图 5-3　版心的设计案例

二、构成版面设计的编排方式

编排方式是指版心正文中字与行的排列方式。中国传统古籍书的编排方式都是竖排式。这种方式的文字是自上而下竖排,由右至左,页面天头大,地脚小,版面装饰有象鼻、鱼尾、黑口,它们与方形文字相呼应,使整个版式设计充满东方文化的神韵与温文尔雅的书卷味,如图 5-4 和图 5-5 所示。

西方书籍版式设计则注重数学的理性思维与版式设计的规范化,文字采用由左至右的横排。随着西方近代印刷术的传入,我国书籍的排版方式也渐渐由竖排转变为横排。由于文字的横排更适应眼睛的生理机能,同时横排由左至右,与汉字笔画方向一致,更符合阅读规律,因而现代图书版面编排除少数古籍图书之外,都采用横排方式。

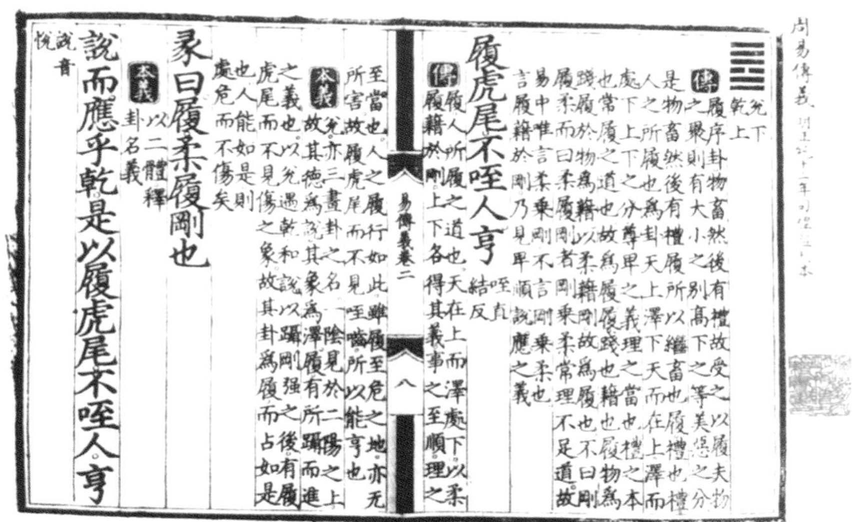

周易傳義

兌下乾上

履

傳 履序卦物畜然後有禮故受之以履夫物之聚則有大小之別有高下之等美惡之分是物畜然後有禮履所以繼畜也履禮也禮人之所履也爲卦天上澤下天而在上澤而處下上下之分尊卑之義理之當也禮之本也常履之道也故爲履履踐也藉也履物爲踐履於物爲藉以柔藉剛故爲履也不曰剛履柔而曰柔履剛者剛乘柔常理不足道故易中唯言柔乘剛不言剛乘柔也言履藉於剛乃見卑順說應之義

履虎尾不咥人亨 咥直結反

傳 履人所履之道也天在上而澤處下以柔履藉於剛上下各得其義事之至順理之至當也人之履行如此雖履至危之地亦无所害故履虎尾而不見咥嚙所以能亨也

易傳義卷二 八

本義 兌亦三畫卦之名一陰見於二陽之上故其德爲說其象爲澤履有所躡而進之義也以兌遇乾和說以躡剛強之後有履虎尾而不見傷之象故其卦爲履而占如是也人能如是則處危而不傷矣

彖曰履柔履剛也

本義 以二體釋卦名義

說而應乎乾是以履虎尾不咥人亨 說音悅

图 5-4 中国传统古籍书的版式编排

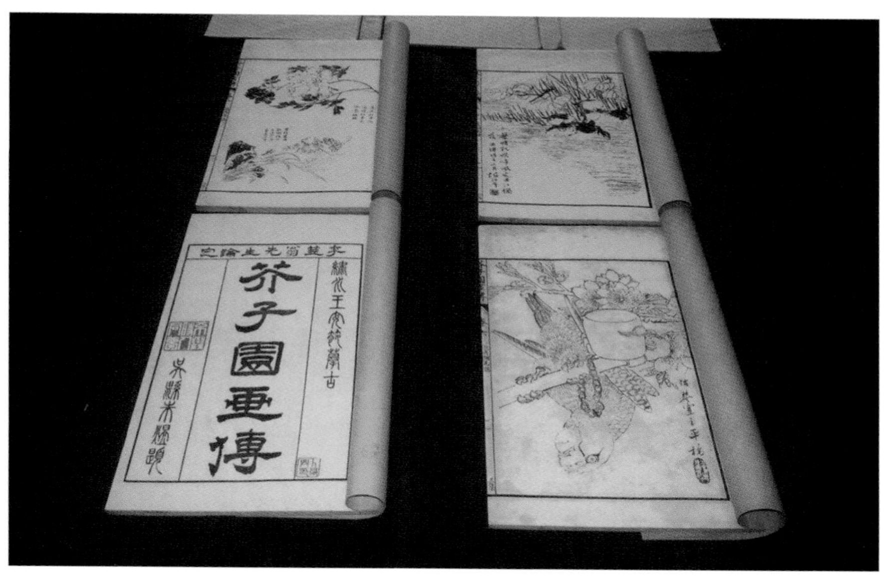

图 5-5 中国古籍图书版式编排

三、构成版面设计的分栏与行宽

据研究，人视觉的最佳行宽为 8～10 cm，行宽最大限度为 12.6 cm，如果行宽超过这个宽度，则读者阅读的效率就会降低。为了保护视力，大开本图书不宜排成通栏，宜排成双栏。版式设计可根据实际情况发挥创造，使版面不仅适宜阅读，还美观、新颖，如图 5-6 所示。

四、版面构成中的字号、字距及行距

版面构成中，字号、字距及行距的宽窄设定应认真对待，它能直接影响到阅读效率。书籍文字靠字间行距的宽窄处理来提高读者阅读的兴趣并产生空间指引，应避免由于行距过窄、文字过密而使阅读产生串行现象。为了不影响视觉阅读效率，通常行距不小于字高的 2/3，字间距离不得小于字宽的 1/4。

(a)

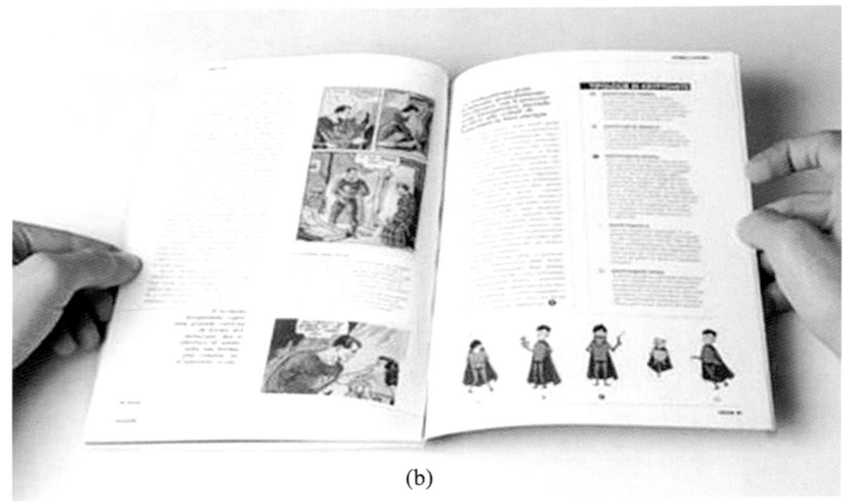

(b)

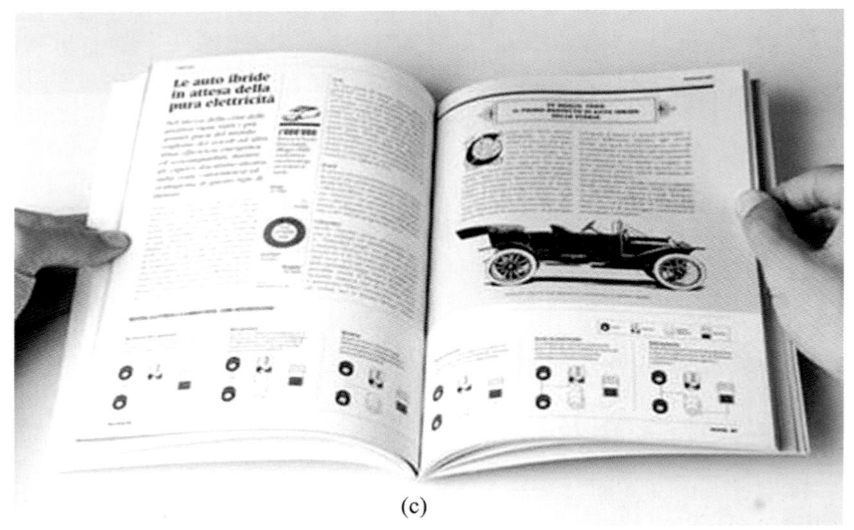

(c)

图 5-6　书籍版式编排中的分栏处理

(d)

续图 5-6

文字的行距、字距编排案例如图 5-7 所示。

版面构成中，字号、字距及行距的宽窄设定也应认真对待，它能直接影响到视觉的阅读效率。书籍文字字间行距的宽窄处理来提高读者阅读的兴趣并产生空间指引，避免出了行距过窄，文字过密，而使阅读产生串行现象。因此，为了不影响视觉阅读效率，通常行距不小于字高的2/3，字间距离不得小于字宽的1/4为宜。

版面构成中，字号、字距及

行距的宽窄设定也应认真对

待，它能直接影响到视觉的阅

读效率。书籍文字字间行距

版面构成中，字号、字距及行距的宽窄设定也应认真对待，它能直接影响到视觉的阅读效率。书籍文字字间行距的宽窄处理来提高读者阅读的兴趣并产生空间指引，避免出了行距过窄，文字过密，而使阅读产生串行现象。因此，为了不影响视觉阅读效率，通常行距不小于字高的2/3，字间距离不得小于字宽的1/4为宜。

图 5-7　文字的行距、字距编排案例

五、构成版面设计的图片及插图的设计

图片及插图是书籍版面设计内容的重要组成部分。文字内容的编排要与图片及插图相配合、相呼应，在靠近与插图有关的正文处，应留出准确的图片及插图的空位。图片及插图的表现手法多种多样，可充分发挥版式设计者的智慧与才能，创作出富有特色的作品，如图 5-8 所示。

图 5-8　插图创意编排案例

六、版面的空白处理

空白是整个设计的有机组成部分，没有空白也就没有了图形和文字。因此，空白作为一种页面元素，其作用好比色彩、图形和文字，有过之而无不及。在设计中，要敢于留空，善于留空，这是由空白本身的巨大作用所决定的。空白可以加强节奏，有与无、虚与实的空间对比，有助于形成充满活力的空间关系和画面效果。设计时必须注意空白的形状、大小及其与图形、文字的渗透关系。空白可以引导视线，强化页面信息，还容易成为视觉焦点，

让人过目不忘,印象深刻。空白还是一种重要的休闲空间,可以使我们的眼睛在紧张的阅读过程中得到休息。留有大片空白的页面元素给观者以无尽的想象空间,留有“画尽意在”“景外之景”的余地,如图 5-9 所示。

图 5-9　画册设计中的留白处理

对于设计者来说,白色总意味着挑战,设计者出于本能更多地依赖色彩来增加设计效果,但过多使用色彩会使整体设计显得繁杂。现代设计崇尚“少即是多“的原则,尽可能用极少的元素进行设计,使版面既简洁明了,又丰富细腻。极简的极致就是空白,利用空白元素进行设计,通过其形状、位置的不同组合来产生千变万化的效果,具有简明扼要的美感。因此,留白并不是一种奢侈,它是设计的要素,是信息传递的需要。

马蒂斯说:画面没有可有可无的部分,若不起积极作用,必起破坏作用。有时摆上了很多东西却让人看不清想说什么,而越说不清就越往上面加东西,做出来的效果就变成一堆东西在那里。话要说得洪亮有力,就必须在空旷无人的时候说;设计要醒目明了,就不能有太多的因素打扰,空白就是能产生这种效果的神秘工具,如图 5-10 所示。

图 5-10　杂志版式编排中的留白处理

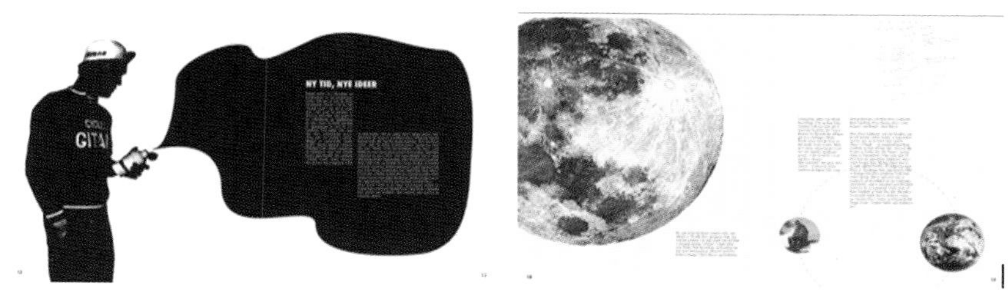

续图 5-10

第三节　文字版式的创意编排

文字是人类文化的重要组成部分，无论在何种视觉媒体中，文字和图片都是两大构成要素。文字排列组合的好坏，直接影响版面的视觉传达效果。因此，文字设计对于增强视觉传达效果、提高作品的诉求力、赋予版面审美价值而言，是一种重要的构成技术。

一、文字基础

1. 字体

不同的字体有着不同的性格和气质，也就是说，字体是有生命的。许多设计师对使用字体很迷茫，不知道什么情况下该使用什么样的字体，其实这就是没有去真正关注字体性格的结果。

楷体经过无数书法大师的不断锤炼，每一个字都经得起推敲，具有很强的文化气质，因此，在做具有文化感和传统风格的版面设计中可以使用。

宋体也是一种历经几个朝代的字体，被前人修饰得无可挑剔，端庄秀丽，有贵族气质。

仿宋体，刚柔结合，精致细腻，是一种很唯美的字体。

黑体是一种现代字体，刚挺稳重，有力量感，很醒目，但稍显笨重粗糙。后来发展出来的等线体却非常精致耐看，很有现代小资的感觉，低调却不粗俗，且自成一派。

经得起推敲的几种字体是宋体（标宋、书宋、大宋、中宋、仿宋、细仿宋）、黑体（中黑、平黑、细黑、大黑）、楷体（中楷、大楷、特楷）、等线体（中等线、细等线）、圆黑体（中圆、细圆、特圆），这些字体是一些基础字体，虽然普通却很耐看，一般书籍内文都使用这些字体。常用中文字体如图 5-11 所示。

宋体　字体优美清新，格调高雅，华丽高贵。
　　　适用于报纸、杂志等正文。

黑体　庄重、大方、稳重，有着朴素、直率的感觉。
　　　适用于严肃、庄重的场合。

圆体　粗圆庄重秀美，细圆秀丽洒脱。
　　　适用于说明文字及热烈、喜庆等场面。

魏碑　有舒展奔放、坚强刚劲的感觉。
　　　适合于表现古朴、苍劲等题材。

舒体　字体结构方圆，有秀丽文雅之感。
　　　适用于表现文化、文艺内容。

图 5-11　常用中文字体

此外，书法体和手写体能让版面产生灵气和个性。

2. 字号

字号的确定需要以下三个依据：

一是版面各个层级元素之间的对比关系。标题应该比副标题大多少，副标题应该比正文大多少，要体现出各个层级之间的轻重关系。

二是版面整体比例关系。版式文字要做到突出但不唐突，弱化但要可见。

字体的不同也可能对字号的大小造成视觉偏差。同等字号情况下宋体看起来偏大，楷体偏小，在混排时需要进行视觉修正，可以通过加入正负 0.1～0.2 的修正值来解决，如图 5-12 所示。

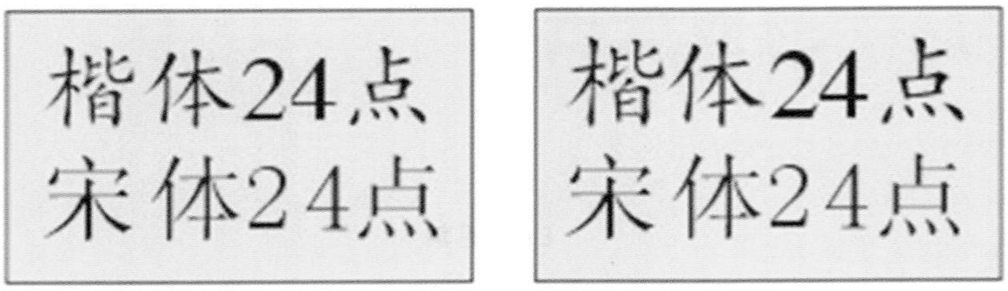

楷体24点
宋体24点

楷体24点
宋体24点

图 5-12　字号视觉修正前后对比

字体混合技巧：

①一个版面最好不要超过三种字体，要更多变化可以通过改变字体大小、长宽等来实现，如图 5-13 所示。

图 5-13　不同字体在杂志版面中的运用

②混合字体之间最好有明显不同的风格，如粗细、曲直等。

三是成品的视觉效果。版面最重要的作用是传达信息，因此要保证阅读效果。比如一段内文，在报纸广告上可能 8 号字至 10 号字足够了，但在海报招贴上，因为阅读距离的不同，可能需要 24 号字以上才能看清楚。

3. 字距与行距

字距与行距的把握是设计师对版面的心理感受，也是设计师设计品位的直接体现。

汉字是方块字，每个字的占位空间完全一样，编排中非常容易出现呆板、沉闷、粗糙的视觉效果。解决这一问题的关键是字距和行距的调整。

因为每种字体对字符的占用空间是不一样的，所以字距一般由字体结构来决定。比如楷体，结构比较自由灵活，对字符四边的占用率比较小，所以它所要求的字距也相对较小；若字距太大，视觉效果就会散，阅读起来会很吃力。而黑体和宋体对四边的空间利用率很高，字符很满，因此它所需要的字距空间就要比楷体稍微大一点，这样才能让阅读者感觉舒适，如图 5-14 所示。

字距不同，版面的心理感受也不同。

字距不同，版面的心理感受也不同。

字 距 不 同 ， 版 面 的 心 理 感 受 也 不 同 。

图 5-14 字符间距与阅读心理感受比较

一般行距的常规比例应为：字距 8 点，行距则为 10 点，即 8 : 10。但对于一些特殊的版面来说，字距与行距的加宽或缩紧，更能体现主题的内涵。

现代国际上流行将文字分开排列的方式，这种方式让人感觉疏朗清新、现代感强。因此，字距与行距不是绝对的，应根据实际情况而定。

二、文字编排形式

1. 左右齐整

文字可横排也可竖排，一般横排居多。横排从左到右的宽度要齐整，竖排从上到下的长度要齐整，使人感觉规整、大方、美观，但要注意避免平淡。左右齐整的编排形式适用文字较多的版面，如报纸、杂志等。

2. 左齐

让每一行的第一个文字都统一在左侧的轴线上，右边可长可短，给人以优美自然、愉悦的节奏感。左齐的排列方式非常符合人们的阅读习惯，容易产生亲切感。

3. 右齐

让每一行的最后一个文字都统一在右侧的轴线上，左边可长可短，其不足之处在于增加了阅读时间，适用于字体较少的版面。

4. 居中对齐

以版面的中轴线为准，文字居中排列，左右两端字距可以相等，也可以长短不一，仅限于文字较少的版面。

5. 自由格式

不拘泥于齐整、规律化的排列，常常以独特的角度、大小、疏密来构造有意味的形式。这种形式具有时代感，能增加版式的自由度，适合表现自由奔放的版面内容。

文字的不同编排形式案例如图 5-15 所示。

三、文字编排技法

文字版式设计中编排主要涉及标题和正文的处理。通常标题要突出，有引导和吸引注意力的功能；正文则以常用字体为主。在文字编排时要注意标题和正文的大小、风格等，既要有对比，又要协调。

1. 标题编排

标题字的编排要注意两个基本问题：

一是选择的字体要能正确反映文章内容所代表的情感倾向。例如：涉及儿童内容的标题字可用圆体，体现

《梦与诗》
胡适

都是平常经验，
都是平常影象，
偶然涌到梦中来，
变幻出多少新奇花样！
都是平常情感，
都是平常言语，
偶然碰着个诗人，
变幻出多少新奇诗句！
醉过才知酒浓，
爱过才知情重：——
你不能做我的诗，
正如我不能做你的梦。

左右齐整

《梦与诗》
胡适

都是平常经验，
都是平常影象，
偶然涌到梦中来，
变幻出多少新奇花样！
都是平常情感，
都是平常言语，
偶然碰着个诗人，
变幻出多少新奇诗句！
醉过才知酒浓，
爱过才知情重：——
你不能做我的诗，
正如我不能做你的梦。

左齐

《梦与诗》
胡适

都是平常经验，
都是平常影象，
偶然涌到梦中来，
变幻出多少新奇花样！
都是平常情感，
都是平常言语，
偶然碰着个诗人，
变幻出多少新奇诗句！
醉过才知酒浓，
爱过才知情重：——
你不能做我的诗，
正如我不能做你的梦。

右齐

《梦与诗》
胡适

都是平常经验，
都是平常影象，
偶然涌到梦中来，
变幻出多少新奇花样！
都是平常情感，
都是平常言语，
偶然碰着个诗人，
变幻出多少新奇诗句！
醉过才知酒浓，
爱过才知情重：——
你不能做我的诗，
正如我不能做你的梦。

居中对齐

《梦与诗》
胡适

都是平常经验，
都是平常影象，
偶然涌到梦中来，
变幻出多少新奇花样！
都是平常情感，
都是平常言语，
偶然碰着个诗人，
变幻出多少新奇诗句！
醉过才知酒浓，
爱过才知情重：——
你不能做我的诗，
正如我不能做你的梦。

自由格式

图 5-15　文字的不同编排形式案例

可爱、柔弱的特征；涉及暴力内容的标题字可用粗黑体，显示暴力的强大和残忍。

二是标题与正文是要形成对比还是调和。一般情况下，标题字要和正文形成对比，标题字通常要比正文大而且笔画要粗，若用一种字体，字号要大，同时颜色最好变化，以示区分，如图 5-16 所示。

图 5-16　文字标题的创意编排设计

2. 正文编排

正文编排应注意以下问题：

一是要考虑正文一页里字数的多少以及页数的多少。字数多、页数多的文章应选用经典耐看的字体以保证长时间的可读性，如小说等。字数少、页数少的正文内容可以采用分层次编排方法，通过对正文内容分类，建立几个视觉层次，增强吸引力，如传单、宣传手册等。

二是看正文内容是强调严肃性、娱乐性还是趣味性的。一般严肃性文章通常要考虑正文的连续性、字体的规范性。娱乐性和趣味性文章的字体选择余地大，强调编排形式的多样性，如图 5-17 所示。

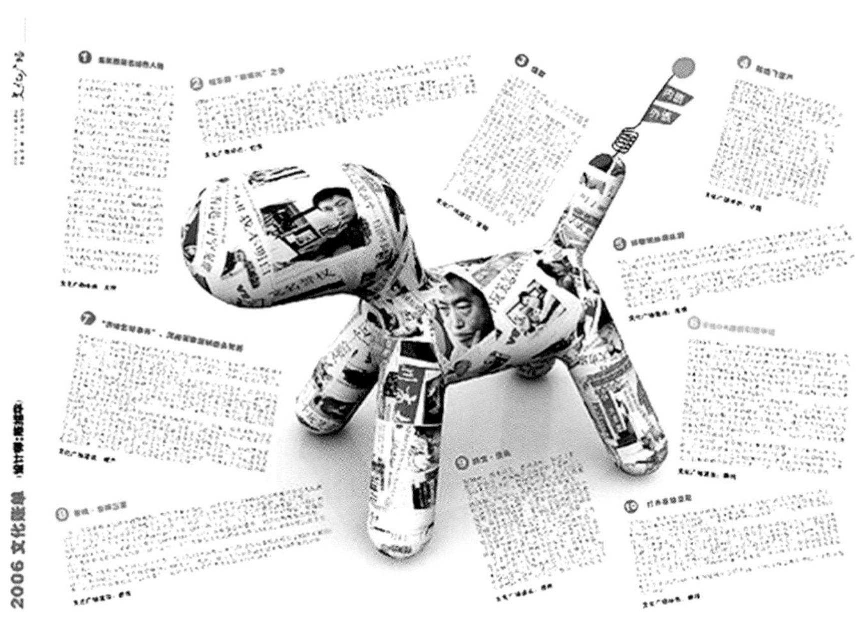

图 5-17 正文的创意编排设计

三是看正文的层次性。在一些传单或者手册的设计中，首先要考虑宣传内容的优先性及文字的等级。除了字体和字号外，使用颜色、斜体、线条、方框等，也是建立层次性的一种好方法。图 5-18 所示体现了正文编排的层次性。

图 5-18 正文编排的层次性

3. 文字特殊编排方式

文字特殊编排常见的手法有文字图形化、文字相互嵌套、图形文字化等,通过这些手法可以增强版面的趣味性和灵活性,如图 5-19 所示。

(a)

(b)

图 5-19 文字图形化创意编排设计

4. 页码编排

版式设计是对文字、图像、色彩等素材进行的创造性复合，页码的设计是构成书籍设计整体形式不容忽视的一部分。好的页码设计会给读者带来意想不到的视觉效果和心理效应。所以，页码编排也需要求新颖、有创意，并且同书籍的整体设计相协调，如图 5-20 所示。

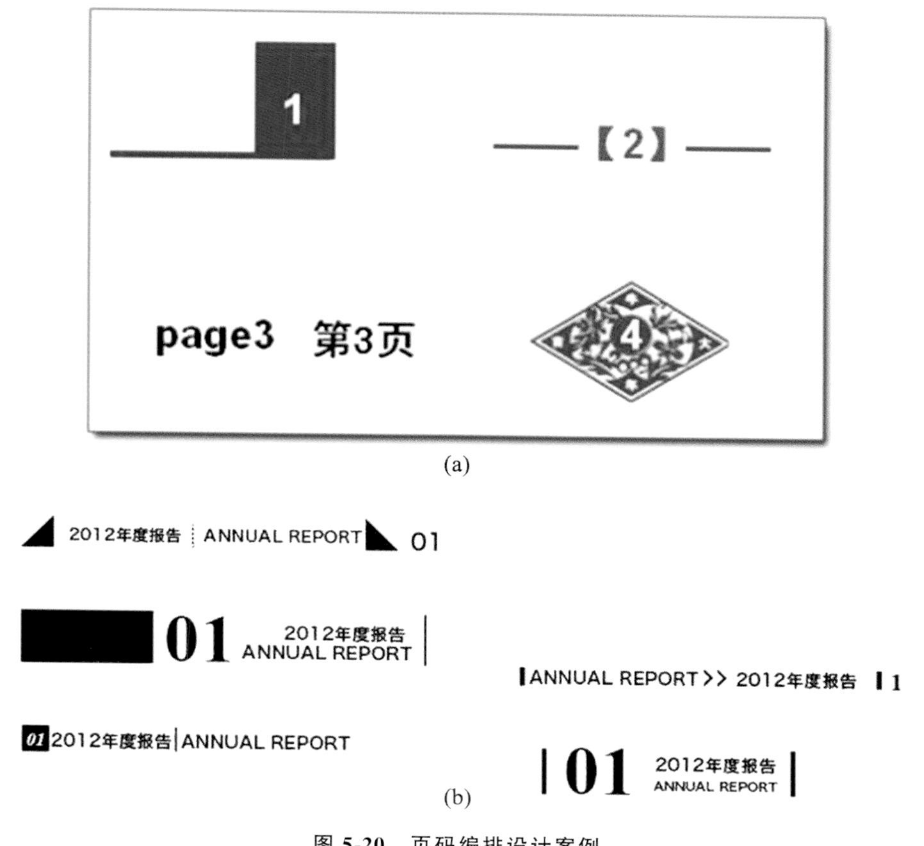

图 5-20 页码编排设计案例

5. 目录编排

人们在欣赏一幅画时，都会遵循这样的欣赏次序：先通观全画，产生总体印象后，视线便会停留于某一处，这个地方就是画面的“视觉中心”，然后，视线才会移动。不管什么版式，读者一般首先通过目录了解媒体的内容，因此，要把目录设计成为视觉中心，读者被它吸引之后，自然会关注正文内容。目录中可以列出书籍、杂志或其他出版物的内容，显示插图列表、广告商或摄影人员名单，也可以包含有助于读者在文档或书籍文件中查找信息的其他内容。目录设计的主要方法如下：

1)突出主题

目录版式设计突出的中心就是编者最想说的话。采用多种编排手段，大标题、粗线条分割的办法给读者以强烈的视觉感染力、穿透力和震撼力。突出一个主题，会给读者留下深刻的印象，达到很好的宣传效果，如图 5-21 所示。如在报纸编排中，将最具有视觉冲击力的图片和标题放在目录版式上部，做突出处理，极为重要。

2)活用图片

现代社会是个“读图”的时代。图文并茂是优秀目录版式设计的原则之一。而且随着时代的发展，图片的作用和地位越来越突出，其所占据的目录版式设计位置也越来越大。对大小不同的图片的安排恰当与否，对目

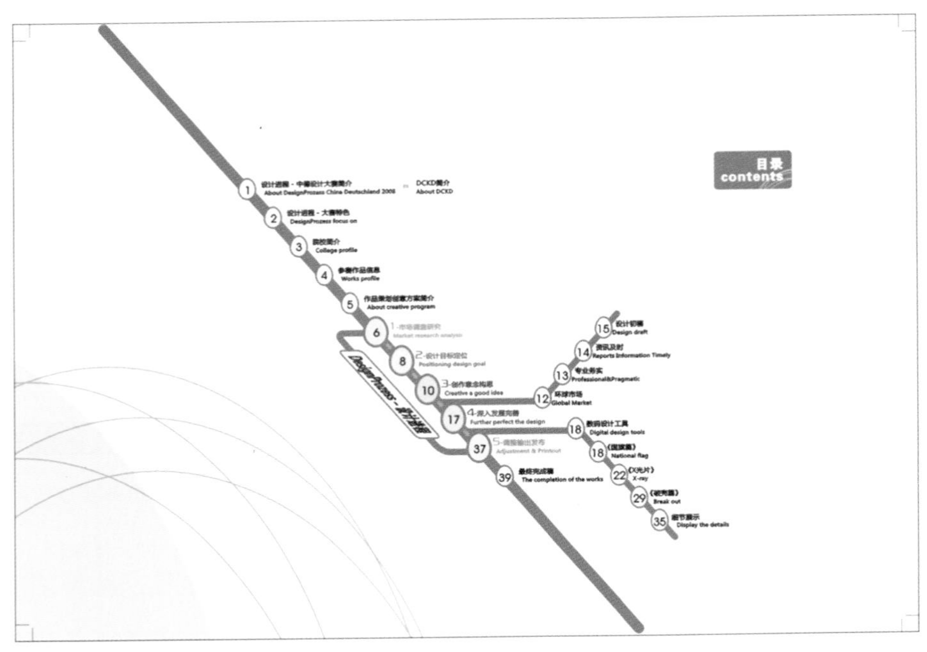

图 5-21　目录编排设计中主题的突出

录版式的美观程度以及形成目录版式的视觉中心有直接影响。目录编排设计中图片的应用案例如图 5-22 所示。

图 5-22　目录编排设计中图片的应用案例

3)衬托对比

目录版式可以采取局部的图案套衬、加大标题字号和所占目录版式设计的空间、突出的题图设计、标题形状的奇特变化、加大文章所占的目录版式设计空间、独特的花边形式、题图压衬等方式。还可采取对比,例如在许多垂直线中有一条斜线,或在许多斜线中有一条垂直线。稀有因素往往因数量对比的原因显得异常突出,在画面中成为视觉中心。对比关系是产生视觉刺激的基础,对比包括明暗对比、方向对比、大小对比、曲直对比等。目录编排设计中衬托对比的应用案例如图 5-23 所示。

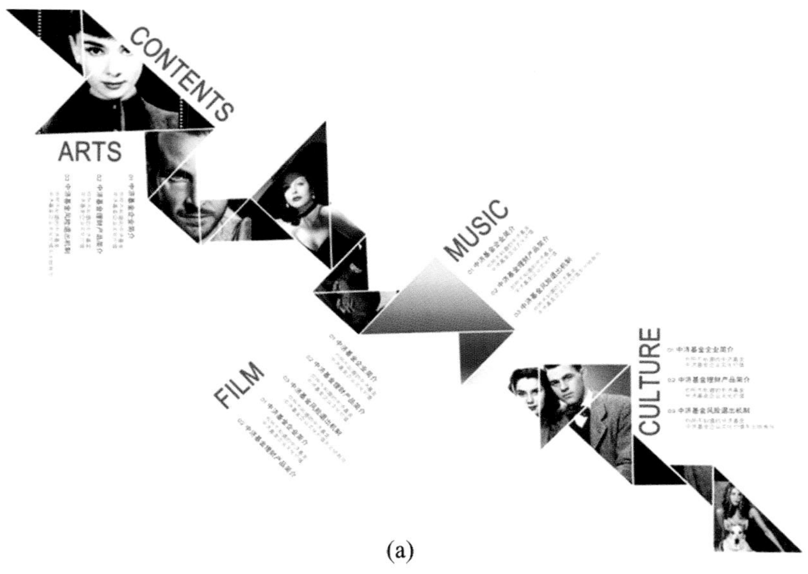

(a)

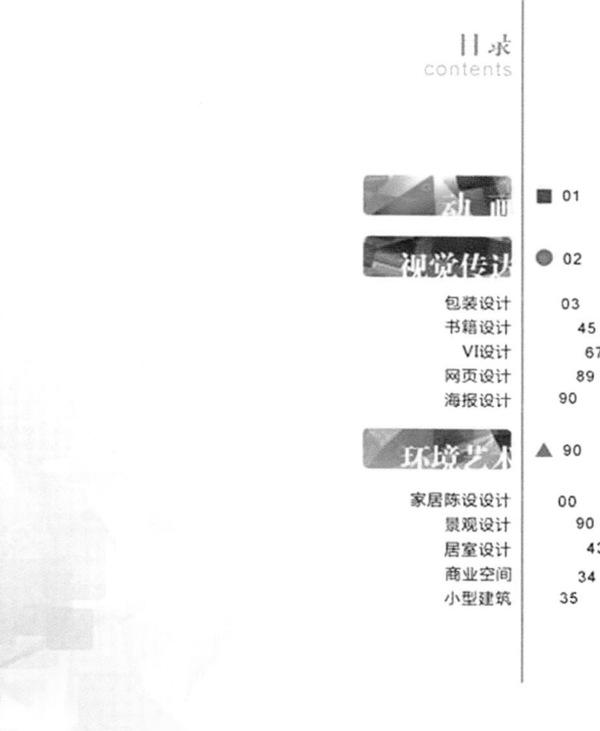

(b)

图 5-23 目录编排设计中衬托对比的应用案例

第四节 图片版式的创意编排

随着数字媒体的日益兴盛,图片在版式设计中所占的比重越来越大。图片的视觉冲击力比文字强,包含的信息量大。版式设计中一幅合适的图片,可以使本来平淡的事物成为强有力的诉求性画面,充满更强烈的真实感和亲和力。因此,图片是版面构成要素中的重要素材。

一、构图与裁剪

1. 构图

这里探讨的构图主要是指摄影构图。摄影构图是指如何组织和处理图形的各要素以吸引观察者的注意力。若想拍摄一幅好的照片,需要借助形状的视觉暗示,以及灯光、颜色、对比度和尺寸的强调作用。

好的照片在构图时一定要注意到布局,尽量控制观众的视觉焦点和注意力,引导他们的眼睛以某种特定顺序从一点移向另一点。此外,拍照片时不要总是将空间全部占满,在照片的四边留下一些空间,以便今后进行设计时有更多的选择余地。美食杂志中的图片构图设计案例如图 5-24 所示。

图 5-24 美食杂志中的图片构图设计案例

2. 裁剪

很少有照片能够不经处理直接使用在版面中,主要原因:一是照片不可能正好符合版面的需要,必须经过处理才能符合版式要求;二是照片中的一些细节可能会分散读者对表现主题的注意力,影响表现效果。因此,照片必须按照版式内容要求以及我们需要表达的重点内容进行裁剪,如图 5-25 所示。

摄影构图建议:

(1)画面提供的信息不能造成视觉上的混乱。

(2)人和环境的关系要有助于传达照片的意图。

(3)应避免由于人物和环境之间的含糊关系而可能产生的错觉。

(4)明与暗的关系或色彩对比关系非常重要。

(5)照明、透视、重叠和影纹的层次变化,有助于在二维平面上体现出明显的纵深感。

(a)

(b)

(c)

图 5-25　图片素材的裁剪

照片裁剪方法:

一种是对包含大量细节对象的摄影图片,通过横、纵裁剪来创建另一种风格。

一种是对去背景、留主体的图片通过旋转、放大或者缩小来达到出奇制胜的效果。

杂志版面中的图片编排案例如图 5-26 所示。

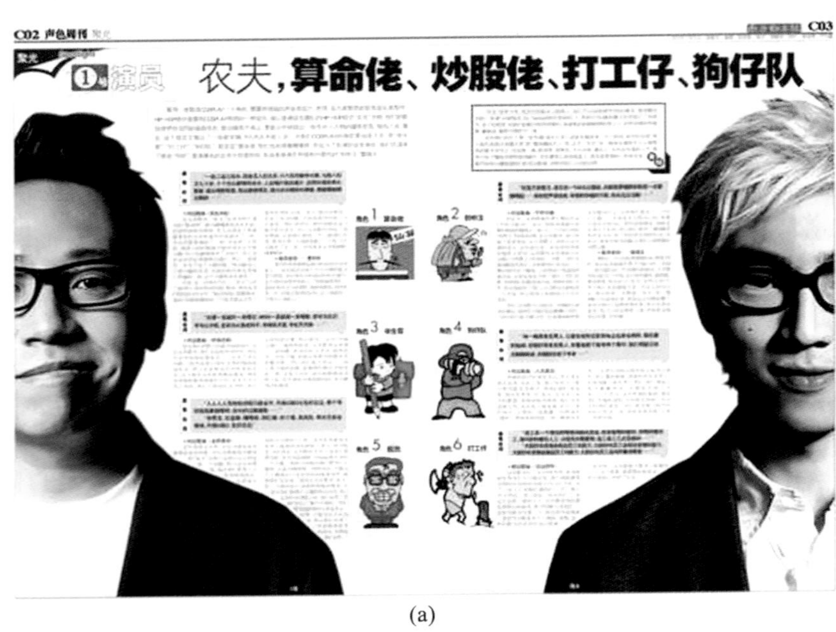

C02 声色周刊

C03

农夫,算命佬、炒股佬、打工仔、狗仔队

(a)

GLAMOUR EXTRA

GENIESSEN

Das Seufzen der Frauen

Genau so soll es klingen, wenn eine Champagner- oder Sektflasche geöffnet wird. Das sagt der Kenner. Noch Fragen offen? Aber nicht mehr nach dieser Übersicht

Und dann: Cin-Cin!

Feine Unterschiede

Champagner

Sekt

GEWINNEN SIE die Magnum-Flasche

172

173

(b)

图 5-26　杂志版面中的图片编排案例

二、图片的色彩处理

1. 单色调处理

单色调是用非黑色的单一油墨打印的灰度图像。单色照片因为颜色单一,细节较少,应用得好可以比彩色图片具有更强的感染力,更能吸引观者的注意力。单色调图片可以为作品定下一种风格和基调,有时可以让作品更加具有时尚感和艺术性。但是,如果要将照片处理成单色,需要更多的布局和裁剪,图片的对比效果要强烈，如图 5-27 所示。

(a)

(b)

图 5-27 照片的灰度处理

2. 多色调处理

双色调、三色调和四色调分别是用两种、三种和四种油墨打印的灰度图像。双色调增大了灰色图像的色调范围。虽然灰度可以重现多达 256 种灰阶，但印刷机上每种油墨只能重现约 50 种灰阶。与使用两种、三种或四种油墨打印并且每种油墨都能重现多达 50 种灰阶的灰度图像相比，仅用黑色油墨打印的同一图像看起来明显粗糙得多。图片的色调处理示例如图 5-28 所示。

单色调可以使用灰度图直接转化，也可以从双色调中选择某一种颜色。

双色调使用不同的彩色油墨重现不同的灰阶，因此在 Photoshop 中，双色调被视为单通道、8 位的灰度图像。应用双色调模式的方法：先将图片模式转换为灰度图，然后再转换为双色调。在弹出的对话框中选择颜色、调整曲线，不能（像在 RGB、CMYK 和 Lab 模式中那样）直接访问个别的图像通道。

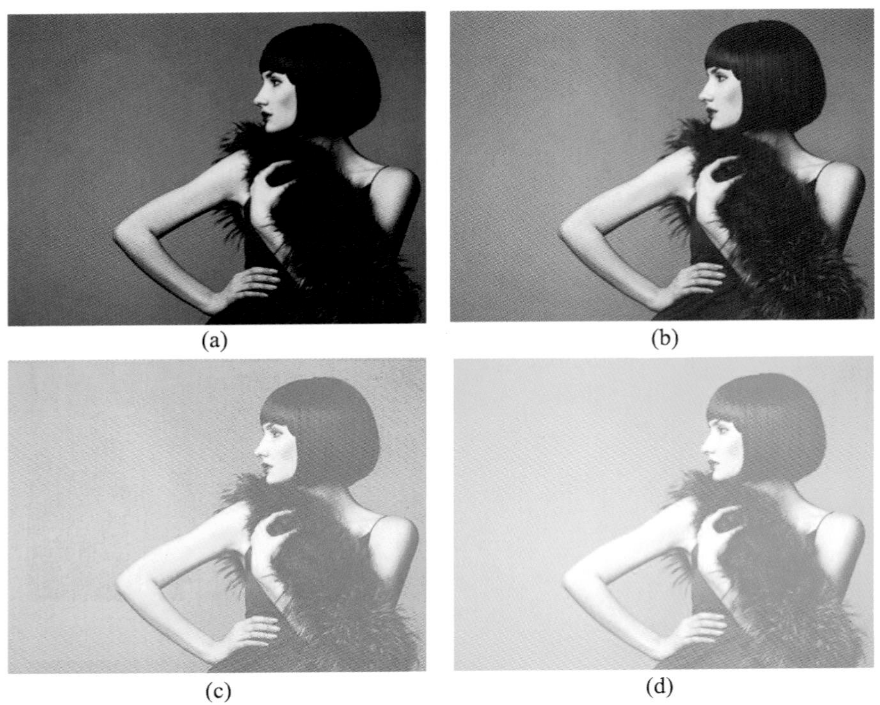

(a) (b)

(c) (d)

图 5-28 图片的单色调、双色调、三色调、四色调处理

三、图片处理形式

1. 褪底图片

褪底是设计者根据版面内容所需，将图片中需要保留的部分沿边缘裁剪，留下想要的部分，去掉不要的部分。褪底图片中，不要的部分通常以透明形式保存，不要以白色填充，否则白色部分会遮挡其他元素，影响排版的灵活性。褪底图片应用的最大优势是灵活而多变化。图片素材的褪底处理案例如图 5-29 所示。

(a)

图 5-29 图片素材的褪底处理案例

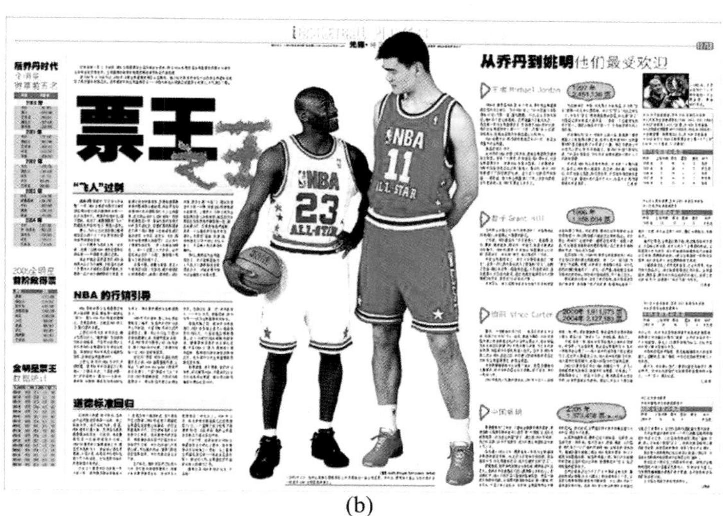
后乔丹时代
票王
“飞人”过剩
NBA 的行销引擎
从乔丹到姚明他们最受欢迎

(b)

续图 5-29

2. 化网图片

化网主要通过减少图片的层次，衬托主题，渲染版面气氛。全部使用化网的方法而没有突出部分的图通常多用作背景，如图 5-30 所示；而局部化网则是为了强化与其他部分的对比效果。

(a)

(b)

图 5-30 图片素材的化网处理

3. 特定形状图片

按照一定的形状编辑处理的图片称为特定形状图片,如方形图片、圆形图片、异形图片等,如图 5-31 所示。有时,由于版式过于呆板,需要特殊形状图片来满足版面变化的需求。

图 5-31　图片素材的特定形状处理

四、图片编排

图片数量的多少会直接影响版面的氛围和受众的心理。因此,有时要针对图片数量进行不同的编排。

1. 单幅图编排方法

单幅图片编排通常指版面少于两幅图的情况下版面图片的编排。

单幅图版面的特点是简洁、明快,容易突出重点,因此对图片的质量要求较高。

单幅图版面编排的重点是注意图片的方向、大小。单幅图的编排案例如图 5-32 所示。

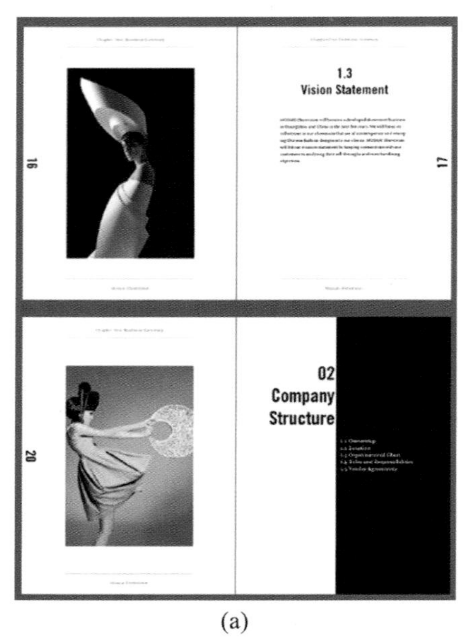

(a)

(b)

图 5-32　单幅图的编排案例

2. 多幅图编排方法

多幅图一般是指一个版面有三幅以上的图片。在版面图片较多时,版面往往很热闹,容易分散受众的注意力。因此,如何合理有序地安排图片,突出中心是编排的重点。此外,众多风格不一的图片在一个版面中如何实现统一也是重点。

常用的多幅图处理方法有：

同形法：对不同形状的图形应用相同的形状处理，可以使版面显得统一协调、有条理性，如图 5-33 所示。

(a)

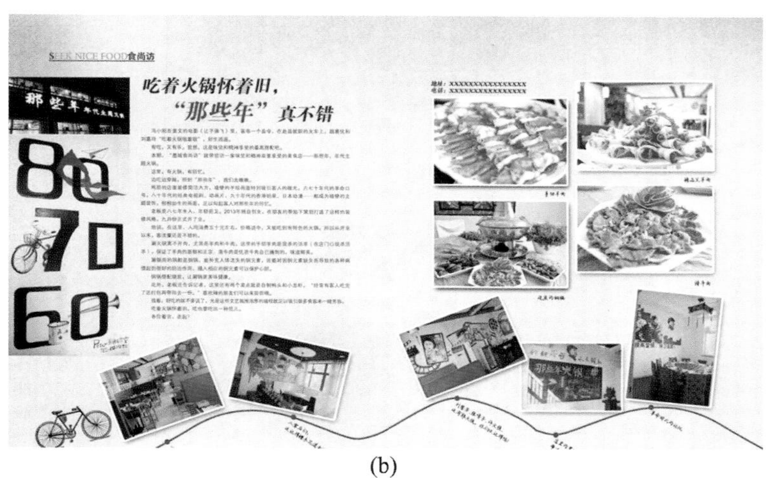

(b)

(c)

图 5-33　多幅图的同形法编排案例

(d)

续图 5-33

同色法:对不同颜色的图片使用同一种色调,可以统一版面效果。案例如图 5-34 所示。

综合法:利用某些特殊元素使各种图片形成统一整体。案例如图 5-35 所示。

图 5-34　图片处理同色法编排案例

(a)　(b)

图 5-35　图片处理综合法编排案例

第五节　图文混合版式的创意编排

图文混合编排是版式设计中常见的排版方式。正确处理好图片和文字之间的关系是版面美观的关键。

一、图文绕排编排法

图文混排时，一般情况下，应尽量避免把文字放置在图片上，这样可以保证图片的信息不会被遮挡，同时又能保证文字的正常阅读。当然，如果图片是用来制作背景的又当别论。图文分离主要采用文本绕排方法，形式主要有如下几种：

(1)定界框绕排，文字按照图片框绕转。如矩形图片，文字沿着矩形四周分布，如图 5-36(a)所示。

(2)对象形状绕排，文字按照褪底对象四周绕转。如褪底高楼，文字沿着高楼变化排列，如图 5-36(b)所示。

(3)上下绕排，即对任何图片，文字只在图片的上方和下方分布，左右无文字，如图 5-36(c)所示。

二、图文结合编排法

有时候，文字必须放在图片上，我们称之为图文结合编排，这时要考虑以下几个方面的因素。

(1)文字与图片中形象的方向性问题。编排文字应避免与形象冲突，应充分利用图片中的形象因势利导地进行编排，这样可以获得良好的视觉效果。

黄鹤楼位于湖北省武汉市长江南岸的武昌蛇山之巅，为国家5A级旅游景区，享有"天下江山第一楼"、"天下绝景"之称。黄鹤楼是武汉市标志性建筑，与晴川阁、古琴台并称"武汉三大名胜"。该建筑也与湖南岳阳楼、江西南昌滕王阁并称为"江南三大名楼"。

黄鹤楼始建于三国时代吴黄武二年（公元223年）。唐代诗人崔颢在此题下《黄鹤楼》一诗，李白在此写下《黄鹤楼送孟浩然之广陵》，历代文人墨客在此留下了许多千古绝唱，使得黄鹤楼自古以来闻名遐迩。

黄鹤楼坐落在海拔61.7米的蛇山顶，京广铁路的列车从楼下呼啸而过。楼高5层，总高度51.4米，建筑面积3219平方米。黄鹤楼内部由72根圆柱支撑，外部有60个翘角向外伸展，屋面用10多万块黄色琉璃瓦覆盖构建而成。

黄鹤楼楼外铸铜黄鹤造型，胜像宝塔、牌坊、轩廊、亭阁等一批辅助建筑，将主楼烘托得更加壮丽。主楼周围还建有白云阁、象宝塔、碑廊、山门等建筑。整个建筑具有独特的民族风格，散发出中国传统文化的精神、气质、神韵。它与蛇山脚下的武汉长江大桥交相辉映；登楼远眺，武汉三镇的风光尽收眼底。

黄鹤楼现为国家AAAAA级旅游景区、全国重点文物保护单位。

(a)

黄鹤楼位于湖北省武汉市长江南岸的武昌蛇山之巅，为国家5A级旅游景区，享有"天下江山第一楼"、"天下绝景"之称。黄鹤楼是武汉市标志性建筑，与晴川阁、古琴台并称"武汉三大名胜"。该建筑也与湖南岳阳楼、江西南昌滕王阁并称为"江南三大名楼"。

黄鹤楼始建于三国时代吴黄武二年（公元223年）。唐代诗人崔颢在此题下《黄鹤楼》一诗，李白在此写下《黄鹤楼送孟浩然之广陵》，历代文人墨客在此留下了许多千古绝唱，使得黄鹤楼自古以来闻名遐迩。

黄鹤楼坐落在海拔61.7米的蛇山顶，京广铁路的列车从楼下呼啸而过。楼高5层，总高度51.4米，建筑面积3219平方米。黄鹤楼内部由72根圆柱支撑，外部有60个翘角向外伸展，屋面用10多万块黄色琉璃瓦覆盖构建而成。

黄鹤楼楼外铸铜黄鹤造型，胜像宝塔、牌坊、轩廊、亭阁等一批辅助建筑，将主楼烘托得更加壮丽。主楼周围还建有白云阁、象宝塔、碑廊、山门等建筑。整个建筑具有独特的民族风格，散发出中国传统文化的精神、气质、神韵。它与蛇山脚下的

(b)

图 5-36　图文绕排编排法示例

黄鹤楼位于湖北省武汉市长江南岸的武昌蛇山之巅，为国家5A级旅游景区，享有“天下江山第一楼”、“天下绝景”之称。黄鹤楼是武汉市标志性建筑，与晴川阁、古琴台并称“武汉三大名胜”。该建筑也与湖南岳阳楼、江西南昌滕王阁并称为“江南三大名楼”。

黄鹤楼始建于三国时代吴黄武二年（公元223年）。唐代诗人崔颢在此题下《黄鹤楼》一诗，李白在此写下《黄鹤楼送孟浩然之广陵》，历代文人墨客在此留下了许多千古绝唱，使得黄鹤楼自古以来闻名遐迩。

黄鹤楼坐落在海拔61.7米的蛇山顶，京广铁路的列车从楼下呼啸而过。楼高5层，总高度51.4米，建筑面积3219平方米。黄鹤楼内部由72根圆柱支撑，外部有60个翘角向外伸展，屋面用10多万块黄色琉璃瓦覆盖构建而成。

(c)

续图 5-36

(2)文字与图片的对比度问题。有时图像中可放置一些合适的文字,但是文字与背景对比太弱会影响阅读效果。这时可以使用改变字体颜色、添加字体边框、进行投影等方法解决。

(3)文字与图片中形象的位置关系。文字编排时必须保证文字不能放置在图片的精华部位,这样才能保证图片效果。

图文结合编排法示例如图 5-37 所示。

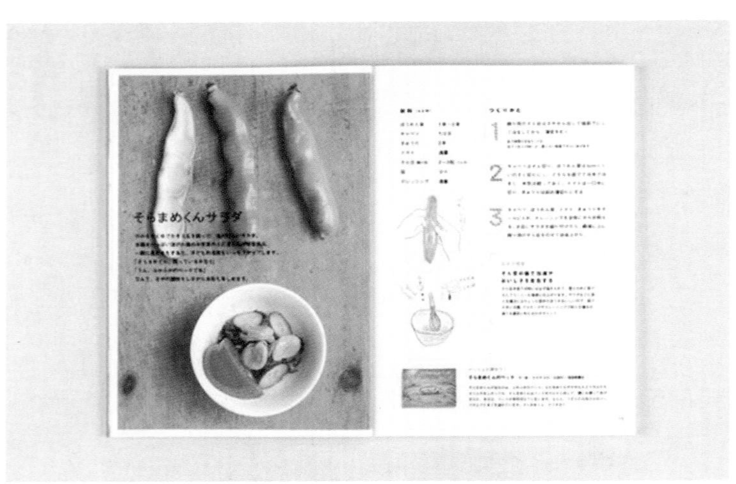

图 5-37　图文结合编排法示例

第六节　书籍创意编排设计的形式

版面设计形式常见的有古典版式设计、网格设计和自由版式设计三种。

一、古典版式设计

古典版式是一种以订口为轴心、左右两页对称的形式。被印刷部分(文字、图片、表格等)与未印刷部分(空白)之间的关系是相互协调的。未印刷部分围绕文字(双页)组成了一个保护性的框子,图片被嵌入版心之内,这种形式总是贯穿在整本书籍的设计之中。它是由德国人谷腾堡创立的，至今已有 500 多年的历史。古典版式设计案列如图 5-38 所示。

图 5-38　古典版式设计案例

二、网格设计

网格设计是运用固定的格子设计版面的方法。把版心的高和宽分为一栏、两栏、三栏以及更多的栏，由此规定了一定的标准尺寸，运用这个标准尺寸就可以安排各种文字、标题和图片，使版面成为有节奏的组合，并保证了双页之间的和谐统一。使用图片时产生的剩余空间，可安排文字，未印刷部分成为被印刷部分的背景。网格设计产生于 20 世纪 30 年代的瑞士，但直到 20 世纪 50 年代网格设计才成为定型的版面设计形式。在现代印刷品中，灵活而有创造性地应用网格设计，产生了大量优秀的版面设计作品。网格设计案例如图 5-39 所示。

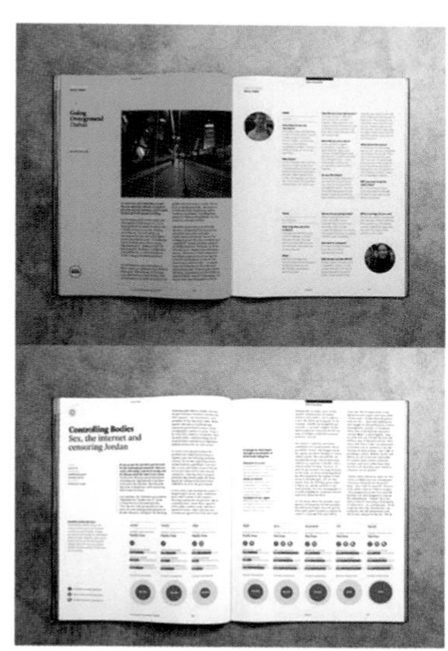

图 5-39　网格设计案例

网格结构虽然可能会显得过于固定和死板，但是，只要根据文本实际需要采用适当的网格，就可把杂乱无章的图片、文字秩序化。网格并没有限制，可以使用所有可能的形状和尺寸设计各种各样的网格结构。运用这种方法，可把版面中的图片、文字编排得井井有条，相互协调，既统一又有变化。

网格系统是书籍、杂志、报纸、画册中的一种版式设计的常用手法，这种手法给设计者带来整齐、规范、有规律、提高工作效率的好处，是现代版式设计较为常用的方法。其运用案例如图 5-40 所示。

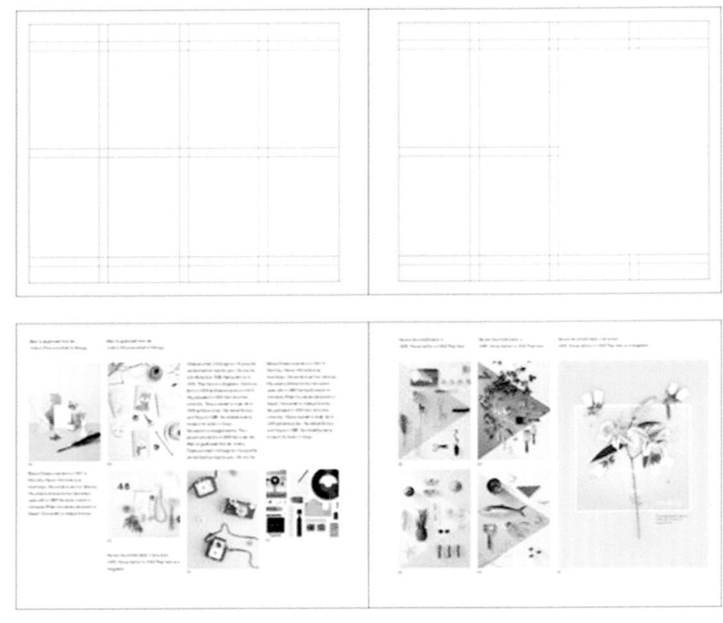

图 5-40 网格系统在版式编排设计中的运用案例

三、自由版式设计

自由版式设计就是把版面中印刷部分和未印刷部分视为同等重要的一对伙伴,一本书的每一页可有完全不同的设计。该设计形式形成于 20 世纪 80 年代中期的美国。照相胶片的剪辑、照相排版以及电子桌面排版系统的相继使用,使完全自由地进行书面设计有了可能,而在以前则要受到铅字框架的限制。自由版式设计案例如图 5-41 所示。

如图 5-42 所示,在装帧设计上,该书最大的特点就是轻松、自由,一个年轻、思维跳跃的青年跃然纸上,在书籍中,他作为主人公贯穿其中,让读者在阅读时更容易投入。整本书中,色彩是十分丰富和跳跃的,在语言的设计和应用上,运用了很多诙谐有趣的文字表现,如“望京”,顾名思义,“遥望着北京”,“有些时候,穷并不可怕,可怕的是你越来越穷”,这些文字的编排设计十分有趣。在版式的处理上,并没有使用书籍常用的网格或者分栏式的文字编排,而是使用了自由版式结构,来追求特殊的画面效果。对文字进行了适度的编排变化,模仿自然状态下具有偶然性的手写痕迹,或是夸张了的编排,形成了与文字内容性质相对应的视觉节奏。

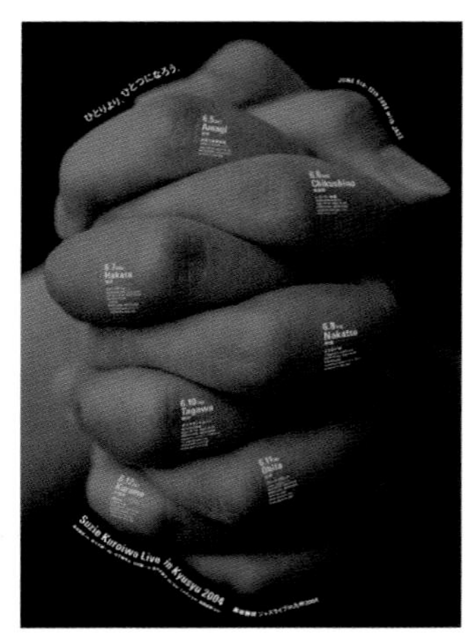

图 5-41 自由版式设计案例(一)

图 5-42 自由版式设计案例(二)

第六章

书籍实践案例赏析

教学目的

通过对书籍案例的赏析,提高学生对优秀书籍设计案例的欣赏水平,提高学生书籍实践设计的动手能力和创意思维能力。

教学重点

理解优秀实践作品的创作思路和制作方法,能取长补短、开拓思路,为自己的创作做好准备。

教学难点

吸取优秀案例的精华并能较好地将其运用于自己的书籍装帧设计作品中。

思考练习

根据本章内容,收集相关的实践案例及手工书的制作方式,以A4纸张打印并附上相应的文字说明。

第一节　文化性主题书籍设计

一、解读书籍的文化性

在知识经济时代,文化的作用日益突出,人们对书籍使用有了更高层次的要求,书籍装帧设计面临着新的挑战。注重文化内涵、讲究艺术品位、追求个性特征已被越来越多的装帧设计者所重视。用装帧设计方法发掘思想内涵,丰富文化意蕴,提升书籍价值,已成为现代设计的追求。

书籍装帧设计是一种精神的载体,一种文化的物化形式,一种个人价值的体现,一种文明的象征。营造文化氛围、体现文化内涵是书籍装帧设计的命脉,每一个书籍装帧设计都在诠释着各种文化的内涵。随着信息社会的不断发展,书籍装帧设计的文化特征越来越强烈。

二、实践案例分析

案例一:《山海经》

《山海经》是中国志怪古籍,它具有非凡的文献价值,是对中国古代历史、地理、文化、民俗、神话等的研究。此作品为该著作的再设计,如图6-1所示。

创作者对《山海经》这部文化著作进行弘扬,对立体书的形式重新演绎。采用立体书的书籍展现方式,有创意升华的特征,颠覆了传统意义上的书籍形式,有利于读者对内容的理解,激发了读者的探索欲、求知欲。该作品有立体感、功能性,会跳动,对读者有创意思维的启发,是将传统历史文化与当下新型书籍文化载体相结合的产物。

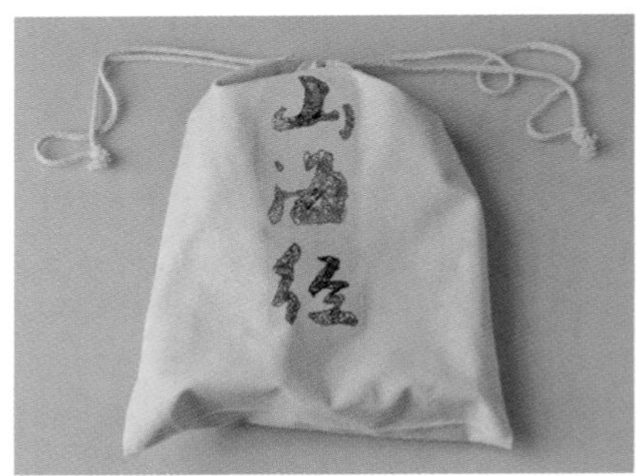

图6-1　《山海经》书籍设计　(创作者:高鑫豪　王曼婷　韦佳敏　胡韩　指导:张莉)

续图 6-1

案例二:《仰阿莎》

“仰阿莎”是苗族神话中的女神。如图 6-2 所示,该作品用立体书的形式表现了少数民族的特色文化、民风民俗。生动的手绘插画和具有观赏性的立体书相结合,使丰富的文化画面跃然纸上,凸显我国多民族文化特色、团结和谐的美好景象。该书籍设计为走马灯立体书。其展开结构分为四层,对苗族的民族文化做了细致的呈现,它采用纯手绘的风格,将线条画得流畅清晰,主要刻画苗族姑娘的头饰、银饰,同时将苗族服装鲜艳的感觉也一并呈现。书的内页借鉴了独具民族特色的蜡染图案风格与构图,来呈现苗族的民族特色。

图 6-2 《仰阿莎》书籍设计 (创作者:蒋易芹 白晓敏 王思雨 指导:张莉)

续图 6-2

案例三:《过新年》

如图 6-3 所示,该作品热烈而喜庆,有着浓郁的节日气氛,在中国红的基调中透着吉祥和财运。书籍运用立体镂空的技法,表现传统节日的画面,有着层层递进的空间感和丰富的视觉效应。

图 6-3 《过新年》书籍设计 (创作者:王凯莉 张捷霖 侯家慧 指导:张莉)

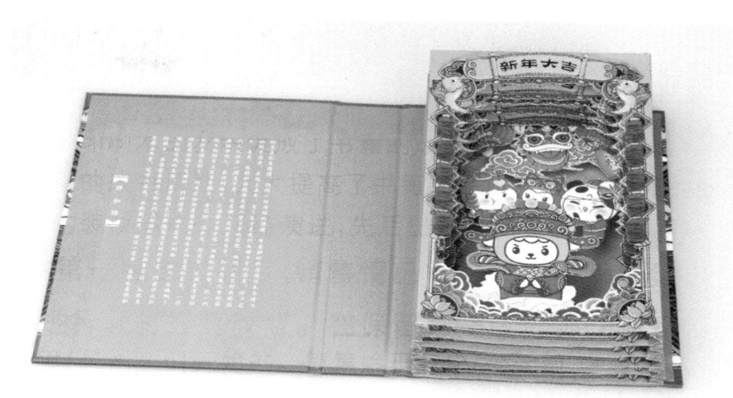

续图 6-3

案例四:《魂》

京剧艺术乃民族之魂,是中国传统文化之精髓。如图 6-4 所示,封面设计以大气的书法字体表现其磅礴的气势,并配有立体的京剧脸谱,生动而有神韵。内页编排运用了传统的竖排文字,与图形的穿插相得益彰。纯手工的线装工艺更增添了一份温情与细腻。

图 6-4 《魂》书籍设计 (创作者:黄依人 许彦 指导:彭娅菲)

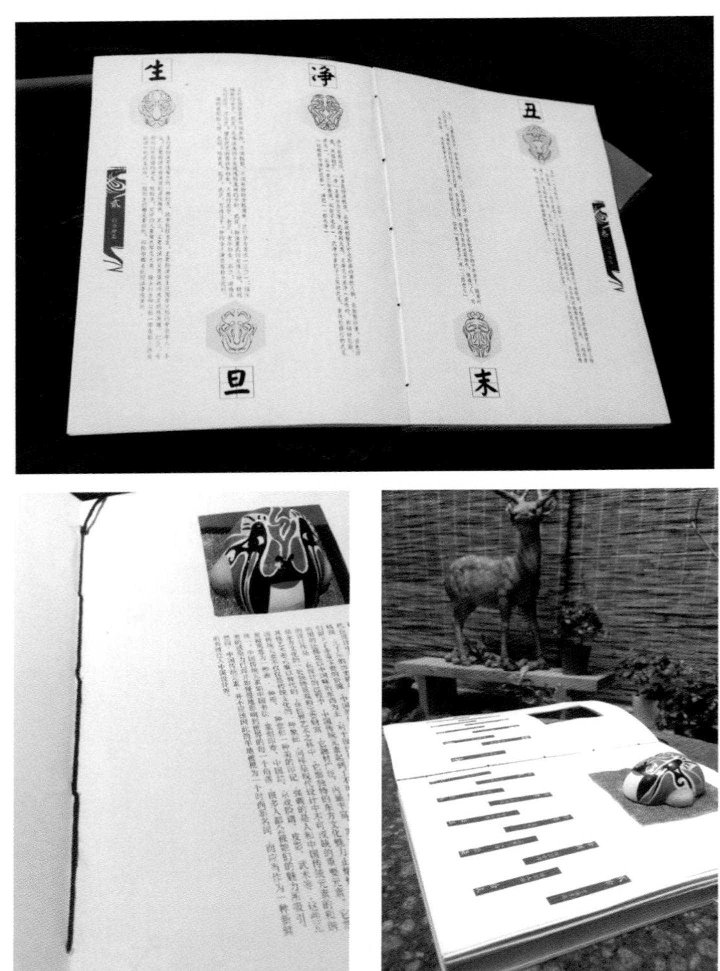

续图 6-4

案例五:《傲慢 & 红酒》

设计灵感来源于西方的文学作品《傲慢与偏见》;该书籍(见图 6-5)呈现了西方的红酒文化,有一股高傲的品质感。整本书的制作采用西式锁线胶装缝订方式,以裸书脊的方式尽量向人们展示手工制书的美感与风采。红酒是在中世纪得到高度发展的,为此选定米黄色的道林纸,希望它给人的第一感觉有复古的味道。封面选用的白色珠光纸,在光的照射下反射出类似水晶的质感,给人一种用水晶杯盛酒的感觉。腰封采用灰色的棉麻,如同中世纪炉火旁摇椅上的毯子,包裹和保护着书籍,是温暖与高傲的矛盾结合体。

图 6-5 《傲慢 & 红酒》书籍设计 (创作者:殷茜 周会文 指导:彭娅菲)

续图 6-5

第二节 趣味性主题书籍设计

一、解读书籍的趣味性

在物质生活日益丰富的今天，人们对精神的追求不断提高，纸质书籍设计不仅应满足人们获取知识的需求，还应满足现代消费者求新、求奇和求趣的视觉审美与心理审美的需求。

书籍设计的趣味性恰从人的精神需求和情感需求出发，让读者在轻松愉悦的气氛中，感受雅趣、稚趣、情趣、妙趣、意趣等带来的阅读快乐，进一步拉近读者和书籍的情感距离。努力捕捉和发现能够吸引人的、有味道的、有童趣的兴奋点，调动读者的各种感官参与，注重书籍与人的交流和互动。根据书籍内容编排设计元素，并以有趣的形式展现出来，把纸质书籍特有的实在感、立体感表达得淋漓尽致，完成书籍与人身体性的、情感性的交流过程，让读者在轻松的气氛中不知不觉地接收信息。现在很多作品注重了书籍设计中的“游玩”感受和“形态”的创新，给读者带来全身心的快乐体验。

二、实践案例分析

案例一：《我的“视”界》

如图 6-6 所示，该作品以各国的著名建筑为素材，用抽象的块面表现出立体式的建筑形态。从表面来看，雕刻类的纸艺术品是将纸作为主体形式的表现物，利用简单的工具和不同纸张创作出许多主题式的作品，它有着独具特色的艺术美。纸艺术品可以追溯到中国汉朝的发明及 16 世纪德国对纸的改良成果，从传统走向现在的多元化，让我们无法抵抗它的魅力。

图 6-6 《我的“视”界》书籍设计 （创作者：陈璐珉 雷舒也 指导：张莉）

案例二：《Bread Talk》手工书

如图 6-7 所示，这套书籍以“面包新语”为主题，仅看到它的外观就很想揭开去看看里面究竟藏的是什么，将书的外观做成异形蛋糕盒，让人眼前一亮。外包装上点缀了许多水果和奶油造型，形象十分逼真，更加强了内容所表达的气氛。整个书盒的材质是不织布，纯手工制作，工艺着实精细。

盒的内部为两册装，一册为“甜甜圈”的产品介绍，另一册为常规开本的小册子。书籍中有着理性与情感的流露，不失为一本形神兼备的好书。

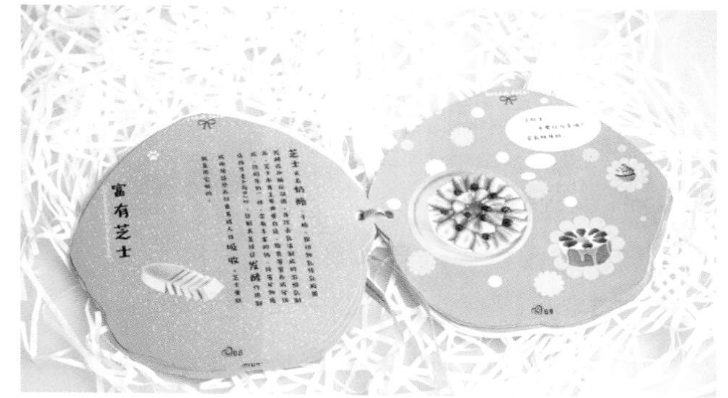

图 6-7　《Bread Talk》书籍设计　（创作者：王碟　刘靖　指导：张莉）

案例三：《Kidrobot》绘本

如图 6-8 所示，手工绘本的特点十分突出，封面将生活化的材质运用得恰到好处，牛仔、棉绳、纽扣的奇妙组合，构成了一幅完整的图文画面。内页构图饱满，色彩艳丽，画风诙谐、有趣味。

图 6-8 《Kidrobot 绘本》书籍设计 (创作者:李倩 张夏丽 沈敏捷 指导:张莉)

案例四:《兔斯基》

兔斯基有许多经典的句子,都是积极向上又诙谐幽默的,很符合创作者的想法。如图 6-9 所示,书籍开本为横版的,适用于大量画面的排放。最难能可贵的是每一页画面与文字都是一针一线缝上去的,运用了平针、回针、锁边缝、包边缝等针法。书籍材质是不织布,看起来更有趣味,适合儿童阅读。书页内容简洁但不简单,色彩对比突出,书籍内容所传达的是面对挫折可以换个角度去面对,并且坚持下去就能战胜困难的主题。

图 6-9 《兔斯基》书籍设计 (创作者:李晗月 揭梦雨 指导:张莉)

续图 6-9

案例五:《在路上》

如图 6-10 所示,在这本书籍的设计中,我们看到作者对封面的设计花了很多心思。首先,“在路上”这个大的文字标题,字体十分简洁,具有现代感,字体笔画变化少,没有曲线,全部用直线的结构表现,笔画与笔画之间留下的空隙,让字体带了几分可爱活泼的气质。其次,作者运用翻折的结构来表现自己的设计理念,红、白、黑三个简单的色块透过这一折、一翻丰富了起来,我们可以透过这样的结构设计,感受到美感的同时,体会到作者想带给读者的不一样的视觉感受。在有限的封面空间里,视觉表现被界定了一定的尺度与范围,作者运用这样特别的结构打破了有限的二维空间,使其向三维空间转换,并与读者形成了良好的互动,对阅读体验也是一种提升。在这个封面设计中,我们看到了很强的视觉张力,简洁的文字与恰当的留白,为版面营造了良好的虚实空间,不单单是文字与剩余空间的虚实,还包括文字与文字之间的空间、文字笔画之间留出的负形,都处理得比较好。

图 6-10 《在路上》书籍设计(封面)

在视觉感官上,色彩会为书籍带来最直接的视觉感受。读者通过想象、联想,形成对书籍的第一印象,建立色彩与书籍之间抽象与具象、虚拟与现实、情感与物质等多个角度的视觉联系。封面的色彩依附于文字与图形,为这本书带来了非常强烈的视觉识别度,通过黑色、红色、暖白色的颜色组合,为这本书定下了浓烈而温暖的基调。

如图 6-11 所示,在内页的编排上,整体风格较为统一,对版面结构、形式的把握较为良好,但还有很多细节的部分可以改进,进一步提升阅读感受。正文的编辑,层次感稍显不足,画面中大的板块都还不错,但缺少细节元素来增加画面的精致感,显得较为简单。

图 6-11 《在路上》书籍设计 (创作者:陈玢玥 指导:杨梦姗)

案例六:《玛芋烧酒の事件簿》书籍设计

如图 6-12 所示,乍一看标题,我们可能会以为该书是一本悬疑小说,其实它是一本由主角引导的以第一人称来描述的旅行记录,这样的设置让这本书特别生动有趣,并且从标题就成功激发了读者的好奇心。趣味性是书籍设计重要的原则之一,书籍装帧的任务就是要带着设计师对读者的体贴,提供一个通道,指引读者去阅读,激发他们的阅读兴趣,唤起他们的共鸣,让他们在阅读时不单单能了解信息,更能感受到乐趣,获得更好的阅读体验。

在本书的自序部分,我们看到作者做了一个个性十足的版式编排,运用文字的横竖混编来张扬个性,且在色彩上运用了黑白两色,更是令读者加深了印象。

在本书的目录部分,作者运用一幅插图,让旁边冒出的泡泡来代表每个章节,非常生动,而且这样的功能性文字编排融入得很自然,就像插画的一部分。

在文字编排部分,作者大量使用了偏可爱风格的手写体,让读者很容易联想到漫画的风格,这和主题十分搭配,而且整本书翻阅下来有很强的统一性,为读者留下很深刻的印象。

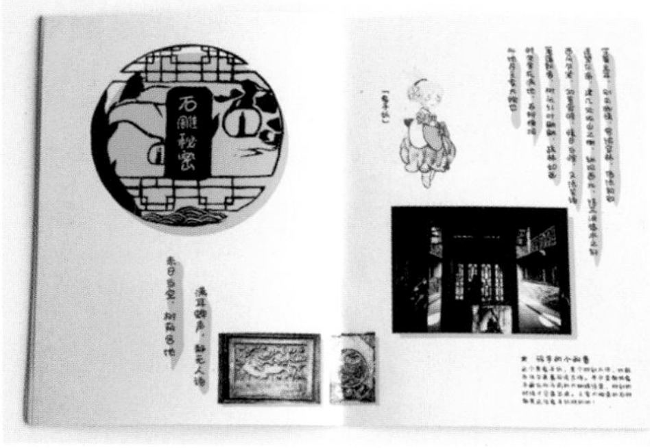

图 6-12 《玛芋烧酒の事件簿》书籍设计 （创作者：鄢梦婷 指导：杨梦姗）

第三节　个性化主题书籍设计

一、解读书籍的个性化

个性属于哲学的范畴，是指一事物区别于他事物的个别的、特殊的性质，与“共性”相对。从设计的角度看书籍设计的共性与个性，就有了较具体的内涵和意旨。书籍是精神与文化的产品，书籍设计的整体效果应着重其精神性与文化性的渲染，这种书卷气的营造正是书籍设计的共性。而书籍设计的不同体裁和题材，客观上又为书籍设计的个性提供了自由的空间。具体来说，书籍的个性化设计突破了常规商品书籍单一的设计模式，由单向的知识传递转变为多元阅读信息的重构与传达，它是书籍内容的补充与延展。

我们把个性化书籍设计的作用分为两类：一类是珍藏的书，它也可以用作礼品，其涵套精致，形态上避免与常规书籍形式的重叠，追求趣味和意境的表达，书展上已有此类书籍限量出版；另一类是大胆的概念设计，拒受条条框框的约束，并做纯学术、纯艺术的探索。本章节的实践教学案例则倾向于后者，它们遵循的原则是：情理之中，意料之外，并带有原创的个性化特征。

二、实践案例分析

案例一：《斑马武汉》

如图 6-13 所示，装订形式选择线装，且使用细牛皮绳(牛皮绳本身的强韧性铸就了书籍整体的牢固)。在封面的装饰上刻一个“漢”字，并用牛皮绳将其与封面连接固定，完成手工书。牛皮和牛皮绳的质感带来了欧洲中世纪羊皮书的感觉，再加上线装和繁体“漢”字，完整地将中西文化结合，诠释了武汉市的历史文化和历史片段。该作品的创作意境来自于创作者对生活的观察和体验，思考者能从中提炼出设计元素并升华以产生文化的意韵。

图 6-13　《斑马武汉》书籍设计　(创作者：李续　指导：张莉)

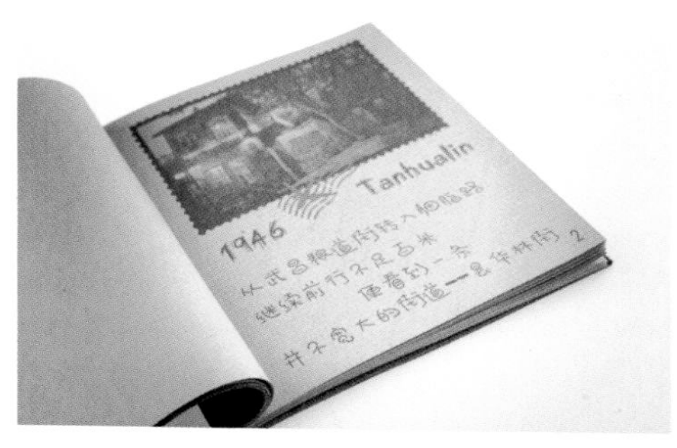

续图 6-13

案例二:《记录》

如图 6-14 所示,用影像记录校园的美景,利用异形照相机的形态做封面来展开设计,勾起了大家对校园美好回忆的共鸣,带来了时间情愫的渗透。

图 6-14 《记录》书籍设计 (创作者:张鹏 余洋 指导:张莉)

案例三:《游乐园》

如图 6-15 所示,该作品为纯手工绘本。封面与内页的材质运用有较好的层次感。创作者信奉基督教,书籍插画是她根据圣徒形象来描绘的。插图人格化的表演,构建着书籍的思想体系,游走于作者与读者之间,富有感染力。

案例四:《卡通 SHOW》

如图 6-16 所示,该作品流露出作者的恋物情结,传递着一份美好的少女情怀。书籍的封套为纯手工的布艺

图 6-15　《游乐园》书籍设计　(创作者:邓惠英　指导:张莉)

制作。外观制作精细,版式设计上有互动性。

图 6-16　《卡通 SHOW》书籍设计　(创作者:钟铃　指导:张莉)

案例五:《与时光同行》

如图 6-17 所示,在这个作品中,我们看到作者从封面的手写字体就定义了这本书非常个性化的风格,具有很强烈的装饰感。封面字体采用手写字体,用错排的方式形成节奏感,辅助以手绘的线条,好像这本书就是时光的记录,亲和力十足。封面传递的信息非常清楚,大面积的留白使画面干净而具有美感,点线面的构成运用也十分合理。

图 6-17 《与时光同行》书籍设计 (创作者:任书轩 指导:杨梦姗)

案例六:《青岛知夏》

如图 6-18 所示,在这组书籍装帧设计中,以夏天的青岛为题,封面设计颇具亮点,首先在字体的设计中运用了笔画的延长与共用,让文字之间形成独特的形式结构,字与字之间相互关联又相对独立。

整本书籍的内容由"食、玩、行"三个部分组成,作为书籍的三大章节,介绍作者感知的青岛这座城市。在设计上,作者运用几何形的基本元素作为装饰,三角形、圆形、矩形的重复与排列形成独特的画面韵律感。文字的编排上,层次基本清楚,内容的编排可读性较强,形式上又富有变化,运用文字做了很多创意的编排,让我们在看到这本书的时候,感受到了更多的趣味性。每一页的文字根据内容进行编排,每一页的编排方式都不同,新颖而富有情感,并且利用文字的组织形式、分隔版面空间,效果生动活泼。

总体来说,这本书的装帧设计有它的亮点,整本书带给人个性十足、艺术感强的感受,但在后期的制作如纸张选择、装订方式上还有较大的提升空间。本书制作运用的骑马钉较简单,显得不够精致,工艺的选择决定了读者在翻阅和看到这本书的时候的触感,这也是制作的一大遗憾。

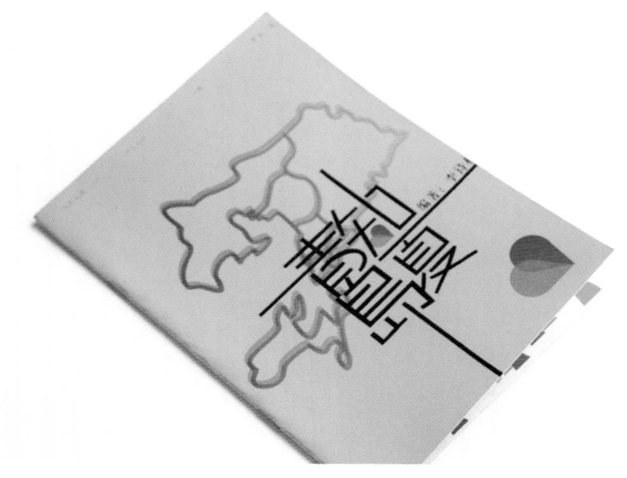

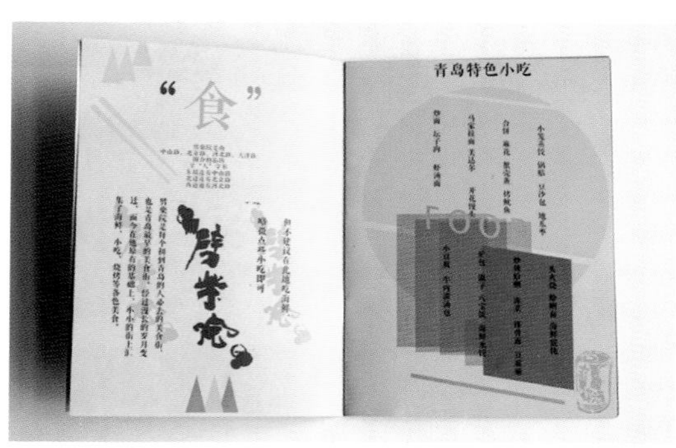

图 6-18 《青岛知夏》书籍设计 (创作者:李诗杨 指导:杨梦姗)

案例七:《风过桂林》

如图 6-19 所示,作者通过散文一般的章节设计,让书籍充满了文艺的气息,让读者感受到主观的、属于作者的这座城。作者用诗一般的语言,描绘了心里的桂林,通过不同地点的描述,在我们的心里拼凑出一幅生动的、真实存在的一座城,我们也能更好地理解作者“风过桂林”这一主题的立意所在。

作者书中的插图大量运用了自己的版画创作,用刀具在胶版上刻出具体画面,再用油墨印于纸上,最后扫描到电脑里进行上色。这样的过程,让版画变得十分丰富,运用阴阳的对比、线条与块面的结合、手工印制及刀痕带来的肌理感,运用线条来塑造画面的立体空间效果,使得这本书变得更有艺术价值,成为具有独立价值的艺术作品。

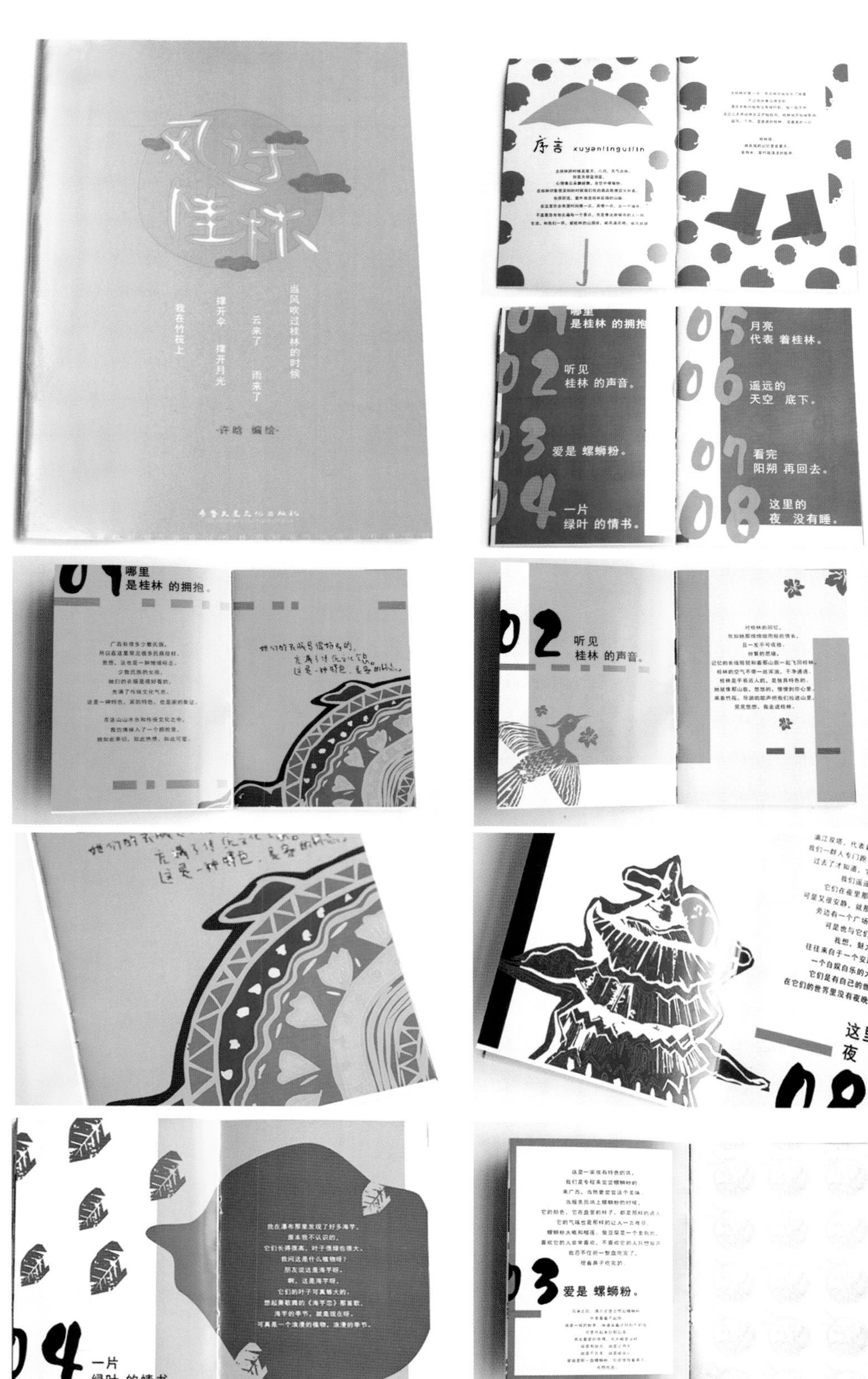

图 6-19 《风过桂林》书籍设计 （创作者：许晗 指导：杨梦姗）

参考文献

[1] 吕敬人.敬人书籍设计[M].长春:吉林美术出版社,2000.

[2] 郭振华,余秉楠,章桂征.中外装帧艺术论集[M].长春:时代文艺出版社,1998.

[3] 邓中和.书籍装帧创意设计[M].北京:中国青年出版社,2004.

[4] 张潇.书装百年[M].长沙:湖南美术出版社,2005.

[5] 〔日〕杉浦康平.造型的诞生[M].李建华,杨晶,译.北京:中国青年出版社,1999.

[6] 毛德宝.书籍设计[M].上海:上海画报出版社,2005.

[7] 杨永德.中国古代书籍装帧[M].北京:人民美术出版社,2006.

[8] 孙彤辉.书装设计[M].上海:上海人民美术出版社,2004.

[9] 丁建超.书籍设计[M].北京:中国水利电力出版社,2004.

[10] 张森.书籍形态设计[M].北京:中国纺织出版社,2006.